高等职业教育水利类新形态系列教材

GIS 技术与实践

主　编　王庆光　曾耀国　潘燕芳
副主编　李伟超　胡　涛　尤聿坤

中国水利水电出版社
www.waterpub.com.cn
·北京·

内 容 提 要

本书介绍了地理信息系统（Geographic Information System，GIS）的基础理论和 GIS 软件实践。基础理论包括 GIS 基本知识、空间数据采集、空间数据处理、空间分析和 GIS 产品输出。GIS 软件实践是以目前市场主流的 ArcGIS 10.8 版本为依托，介绍了该软件应用基础、空间数据采集、空间数据处理、空间数据分析和可视化表达等。

本书深入浅出，注重实用性，适合 ArcGIS 的初学者，可作为高职院校工程测量技术、水利水电建筑工程、测绘地理信息技术和无人机测绘技术等专业的教材，也可供相关专业的技术人员参考。

图书在版编目（CIP）数据

GIS技术与实践 / 王庆光，曾耀国，潘燕芳主编. --北京：中国水利水电出版社，2024.7
高等职业教育水利类新形态系列教材
ISBN 978-7-5226-2016-9

Ⅰ. ①G… Ⅱ. ①王… ②曾… ③潘… Ⅲ. ①地理信息系统—高等职业教育—教材 Ⅳ. ①P208.2

中国国家版本馆CIP数据核字(2024)第006099号

书　名	高等职业教育水利类新形态系列教材 **GIS 技术与实践** GIS JISHU YU SHIJIAN
作　者	主　编　王庆光　曾耀国　潘燕芳 副主编　李伟超　胡　涛　尤聿坤
出版发行	中国水利水电出版社 （北京市海淀区玉渊潭南路1号D座　100038） 网址：www.waterpub.com.cn E-mail：sales@mwr.gov.cn 电话：（010）68545888（营销中心）
经　售	北京科水图书销售有限公司 电话：（010）68545874、63202643 全国各地新华书店和相关出版物销售网点
排　版	中国水利水电出版社微机排版中心
印　刷	天津嘉恒印务有限公司
规　格	184mm×260mm　16开本　11.5印张　280千字
版　次	2024年7月第1版　2024年7月第1次印刷
印　数	0001—2000册
定　价	42.00元

凡购买我社图书，如有缺页、倒页、脱页的，本社营销中心负责调换

版权所有·侵权必究

前言

地理信息系统（geographic information system，GIS）是应用计算机软、硬件系统，对空间数据和非空间数据进行采集、存储、管理、分析和显示的综合系统，是近几十年新兴的以计算机科学、地理学、测绘学、遥感科学和数学等多门学科为基础的综合学科，广泛应用于水利、交通、农业、环境、物流和电力等行业，逐渐受到各级政府、企业和院校的重视。

据《中国地理信息产业发展报告（2023）》，我国地理信息产业克服重重困难，仍保持增长势头，2022年地理信息产业总产值达7787亿元，同比增长3.5%。2022年2月，自然资源部办公厅印发《关于全面推进实景三维中国建设的通知》，实景三维建设全面推进，需要大量的掌握测绘地理信息技术的专业人才。

本书内容围绕测绘地理信息数据采集、处理、分析和应用等岗位的需求，将教材内容分为基础理论和软件实践两部分。基础理论部分有五个模块。模块一是GIS基本知识，介绍GIS相关概念和ArcGIS软件。模块二是空间数据采集，介绍GIS数据源、图形数据采集、属性数据采集和空间数据质量评价与控制。模块三是空间数据处理，介绍数据的编辑、拓扑关系建立、坐标变换和图幅拼接。模块四是空间分析，介绍空间查询、缓冲区分析、叠置分析和数字高程模型。模块五是GIS产品输出，介绍数据输出方式、类型和地图设计。软件实践部分以全球领先的GIS平台ArcGIS为依托，学习ArcGIS应用基础、空间数据采集、处理、分析和可视化表达等操作技能，为学生将来从事GIS技术的应用与研究打下坚实基础。教材突出工学结合，注重理论学习与实践操作相结合，将我国地理信息产业发展历程的先进事迹、新时代北斗精神、中国大地坐标系的发展、中国红色景点的分布和国家版图意识等思政元素融入教材，德技并修，落实立德树人根本任务。

本书由广东水利电力职业技术学院王庆光、潘燕芳、李伟超、尤聿坤和易智瑞信息技术有限公司广州分公司曾耀国、胡涛共同编写，全书由王庆光统稿。教材编写得到广东水利电力职业技术学院水利工程学院张劲院长和易智瑞信息技术有限公司广州分公司叶玲经理的大力支持，书中部分内容来自 ArcGIS 的帮助文档，同时参考和吸收了许多专家和学者的研究成果，在此一并表示衷心的感谢。

由于时间紧，加上作者水平和实践经验有限，书中不当和错误之处在所难免，恳请广大读者批评、指正。

编者
2024 年 6 月

扫码获取资源

"行水云课"数字教材使用说明

"行水云课"水利职业教育服务平台是中国水利水电出版社立足水电、整合行业优质资源全力打造的"内容"+"平台"的一体化数字教学产品。平台包含高等教育、职业教育、职工教育、专题培训、行水讲堂五大版块,旨在指供一套与传统教学紧密衔接、可扩展、智能化的学习教育解决方案。

本套教材是整合传统纸质教材内容和富媒体数字资源的新型教材,它将大量图片、音频、视频、3D动画等教育素材与纸质教材内容相结合,用以辅助教学。读者可通过扫描纸质教材二维码查看与纸质内容相对应的知识点多媒体资源,完整数字教材及其配套数字资源可通过移动终端APP、"行水云课"微信公众号或中国水利水电出版社"行水云课"平台查看。

线上教学与配套数字资源获取途径:

手机端:关注"行水云课"公众号→搜索"图书名"→封底激活码激活→学习或下载

PC端:登录"xingshuiyun.com"→搜索"图书名"→封底激活码激活→学习或下载。

目 录

前言
"行水云课"数字教材使用说明

第一部分 GIS 基础理论

模块一 GIS 基本知识 ·· 3
  任务 1-1　认识 GIS ·· 4
  任务 1-2　GIS 的构成 ··· 6
  任务 1-3　GIS 的功能 ··· 8
  任务 1-4　GIS 的应用 ··· 10
  任务 1-5　GIS 的发展 ··· 12
  任务 1-6　ArcGIS 简介 ·· 14
  复习思考题 ·· 20

模块二 空间数据采集 ·· 21
  任务 2-1　GIS 数据源 ·· 22
  任务 2-2　图形数据采集 ··· 25
  任务 2-3　属性数据采集 ··· 31
  任务 2-4　空间数据质量评价与控制 ··· 33
  复习思考题 ·· 35

模块三 空间数据处理 ·· 37
  任务 3-1　空间数据编辑 ··· 38
  任务 3-2　拓扑关系建立 ··· 41
  任务 3-3　坐标系统与投影 ··· 43
  任务 3-4　图幅拼接 ··· 51
  复习思考题 ·· 52

模块四 空间分析 ·· 54
  任务 4-1　空间查询 ··· 55
  任务 4-2　缓冲区分析 ·· 57
  任务 4-3　叠置分析 ··· 60

任务4-4　数字高程模型 ………………………………………………………… 66
　　复习思考题 …………………………………………………………………………… 70

模块五　GIS产品输出 …………………………………………………………… 71
　　任务5-1　GIS产品的输出方式与类型 …………………………………………… 72
　　任务5-2　地图设计 ………………………………………………………………… 78
　　复习思考题 …………………………………………………………………………… 82

第二部分　GIS软件实践

模块六　ArcGIS应用基础 ……………………………………………………… 85
　　任务6-1　ArcMap入门 …………………………………………………………… 85
　　任务6-2　ArcCatalog入门 ………………………………………………………… 93
　　任务6-3　ArcToolbox入门 ………………………………………………………… 96

模块七　ArcGIS空间数据采集 ………………………………………………… 99
　　任务7-1　图形数据采集 …………………………………………………………… 99
　　任务7-2　属性数据采集 …………………………………………………………… 103
　　任务7-3　矢量化 …………………………………………………………………… 105

模块八　ArcGIS空间数据处理 ………………………………………………… 113
　　任务8-1　空间数据编辑 …………………………………………………………… 113
　　任务8-2　拓扑处理 ………………………………………………………………… 119
　　任务8-3　坐标系统 ………………………………………………………………… 123
　　任务8-4　裁剪与拼接 ……………………………………………………………… 126

模块九　ArcGIS空间数据分析 ………………………………………………… 129
　　任务9-1　矢量查询 ………………………………………………………………… 129
　　任务9-2　缓冲区分析 ……………………………………………………………… 130
　　任务9-3　叠加分析 ………………………………………………………………… 135
　　任务9-4　表面创建与分析 ………………………………………………………… 139

模块十　ArcGIS空间数据可视化表达 ………………………………………… 147
　　任务10-1　空间数据符号化 ……………………………………………………… 147
　　任务10-2　地图制图 ……………………………………………………………… 157

参考文献 …………………………………………………………………………… 174

第一部分　GIS 基础理论

随着科技的飞速发展，人们能够快速、及时和海量地获取地表及外太空的几何与物理信息，对这些海量信息进行有效整合与利用，则需要GIS。本部分介绍GIS基础理论，主要内容有GIS基本知识、空间数据采集、空间数据处理、空间分析和GIS产品输出。

充分挖掘GIS课程中所蕴含的思政元素，如爱国主义、敢为人先、创新精神、工匠精神等，与课程内容有机融合，推动课程思政元素建设，实现"立德树人"根本任务。

模块一

GIS 基本知识

模块概述

近年来,信息技术的快速发展改变着人们的学习和生活方式。GIS是一门集计算机科学、地理学、测绘学、遥感科学和数学等多学科为一体的交叉性学科,在国民经济中的地位日趋重要,应用领域也越来越广泛。因此学习GIS的相关概念、GIS与其他学科的关系、GIS的构成、GIS的功能、GIS的发展历史和国内外主流的GIS软件,对于应用GIS来解决实际问题具有十分重要的意义。

学习目标

1. 知识目标
(1) 掌握GIS的相关概念。
(2) 掌握GIS的组成和功能。
(3) 了解GIS的发展历史和趋势。

2. 技能目标
(1) 能认识GIS的组成。
(2) 会操作常用的GIS软件。

3. 态度目标
(1) 具有吃苦耐劳精神和勤俭节约作风。
(2) 具有爱岗敬业的职业精神。
(3) 具有良好的职业道德和团结协作能力。
(4) 具有独立思考解决问题的能力。

思政导读

我国测绘地理信息产业发展历史

20世纪80—90年代,测绘部门明确了由系统管理向行业管理转变的工作思路,服务领域逐步拓宽,测绘市场开始形成。1992年,《中华人民共和国测绘法》颁布,国家、省、市、县四级测绘行政管理机构逐步健全。到1997年,基础测绘列入国民经济和社会发展年度计划,法制、机构、财力这三大支撑实现重大突破,开启了测绘发展的黄金时期。进入新世纪,测绘人奏响改革、创新、发展的时代强音,通过加强测绘统一监管,完善体制机制,推进测绘依法行政,构建数字化测绘技术体系,建设数字中国地理空间框架，发展地理信息产业，提升测绘保障能力，测绘工作的影响力显著提升。党的十八大以来，中国特色社会主义伟大事业迈入新的发展阶段。党的十九大站在更高起点谋划和推进改革，擘画出全面系统的改革奋斗路径图。在这个过程中，我国测绘地理信息产业的发展也取得了显著的成果。2018年4月，自然资源部挂牌成立，测绘地信管理职责整合至自然资源部。这标志着我国测绘地理信息产业的发展进入了一个新的阶段。

我国测绘地理信息产业的发展历程展示了我国在改革开放进程中不断探索、不断创新的精神。在面临国内外各种挑战和困难的情况下，测绘地理信息产业通过改革创新，不断提升自身的技术水平和服务能力，为我国的经济社会发展提供了有力的支撑和保障。测绘人始终坚持以服务国家、服务社会为己任，以精准、及时、可靠的数据和信息为支撑，为政府决策、经济发展、社会服务等方面提供了重要的支持和保障。同时，"一带一路"倡议和"走出去"战略，为我国地理信息企业开拓国际市场提供了良好的机遇。近年来，我国测绘地理信息技术水平和服务能力显著提升，体现"中国智造"水平的测绘地理信息软件和硬件装备已进军国际市场，并初步打开发达国家市场，出口产品受到国际认可。

我国测绘地理信息产业的发展历史昭示中国人坚持不懈的勇于探索、刻苦敬业、责任担当和科技创新精神，对于引导学生树立正确的价值观、激发爱国热情、增强民族自豪感和自信心具有积极的作用。

任务1-1 认识 GIS

1963年，加拿大测量学家 R. F. Tomlinson 首先提出了地理信息系统（Geographic Information System，GIS）这一概念，并开发出了世界上第一个地理信息系统——加拿大地理信息系统（Canada Geographic Information System，CGIS）。随着计算机软硬件和通信技术的不断进步，地理信息系统的理论和技术方法已得到了飞速的发展，其研究和应用已渗透到自然科学及应用技术的很多领域，如地理学、地质学、环境监测、土地利用、城市规划、交通安全等，并日益受到各国政府和产业部门的重视。

GIS 是在计算机硬、软件系统支持下，对整个或部分地球表层（包括大气层）空间中的有关地理分布数据进行采集、储存、管理、运算、分析、显示和描述的技术系统。地理信息系统处理、管理的对象是多种地理空间实体数据及其关系，包括空间定位数据、图形数据、遥感图像数据、属性数据等，用于分析和处理在一定地理区域内分布的各种现象和过程，解决复杂的规划、决策和管理问题。

（1）由于研究和应用领域的不同，人们对地理信息系统的定义仍然存在着分歧。从学术观点来看，人们对 GIS 有如下三种观点：地图观，数据库观，空间分析观。

1）地图观：持地图观的人主要来自景观学派和制图学派，他们认为 GIS 是一个地图处理和显示系统。在该系统中，每个数据集被看成是一张地图，或一个图层（layer），或一个专题（theme），或覆盖范围（coverage）。利用 GIS 的相关功能对数据集进行操作和运算，就可以得到新的地图。

2）数据库观：持数据库观的人主要来自于计算机学派，他们强调数据库理论和技术方法对 GIS 设计、操作的重要性。

3）空间分析观：持此种观点的人主要来自于地理学派，他们强调空间分析和模拟的重要性。实际上，GIS 的空间分析功能是它与 CAD（computer aided design）、MIS（management information system）等系统的主要区别之一，也是 GIS 理论和技术方法发展的动力。

（2）通过上述的分析和定义可提出 GIS 的如下基本概念：

1）GIS 的物理外壳是计算机化的技术系统，它又由若干个相互关联的子系统构成，如数据采集子系统、数据管理子系统、数据处理和分析子系统、图像处理子系统、数据产品输出子系统等，这些子系统的优劣、结构直接影响着 GIS 的硬件平台、功能、效率、数据处理的方式和产品输出的类型。

2）GIS 的操作对象是空间数据，即点、线、面、体这类有三维要素的地理实体。空间数据的最根本特点是每一个数据都按统一的地理坐标进行编码，实现对其定位、定性和定量的描述，这是 GIS 区别于其他类型信息系统的根本标志，也是其技术难点之所在。

3）GIS 的技术优势在于它的数据综合、模拟与分析评价能力，可以得到常规方法或普通信息系统难以得到的重要信息，实现地理空间过程演化的模拟和预测。

4）GIS 是现代科学技术发展和社会需求的产物。人口、资源、环境、灾害是影响人类生存与发展的四大基本问题。为了解决这些问题必须要自然科学、工程技术、社会科学等多学科、多手段联合攻关。于是，许多不同的学科，包括地理学、测量学、地图制图学、摄影测量与遥感学、计算机科学、数学、统计学以及一切与处理和分析空间数据有关的学科，都在寻找一种能采集、存储、检索、变换、处理和显示输出从自然界和人类社会获取的各式各样数据、信息的强有力工具，其归宿就是地理信息系统，或称空间信息系统。因此，GIS 明显地具有多学科交叉的特征，它既要吸取诸多相关学科的精华和营养，并逐步形成独立的边缘学科，又将被多个相关学科所运用，并推动它们的发展。尽管 GIS 涉及众多的学科，但与之联系最为紧密的还是地理学、制图学、计算机、测绘与遥感等。GIS 的相关学科如图 1-1 所示。

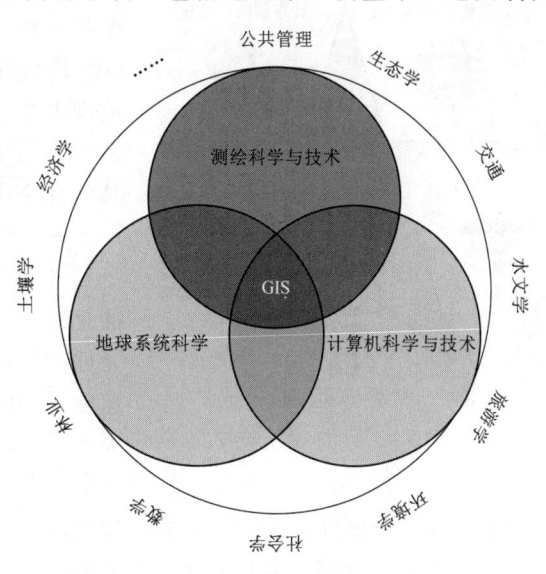

图 1-1 GIS 的相关学科

（3）综上，可得出如下结论：

1）地理学和测绘学是以地域为单元研究人类居住的地球及其部分区域，研究人类环境的结构、功能、演化以及人地关系。空间分析是 GIS 的核心，地理学作为 GIS 的分析理论基础，可为 GIS 提供引导空间分析的方法和观点。测绘学和遥感技术不但为 GIS 提供快速、可靠、多时相和廉价的多种信息源，而且它们中的许多理论和算法可直接用于空间数据的变换、处理。

2）遥感是 20 世纪 60 年代发展起来的新兴学科。由于遥感信息所具有的多源性，弥补了常规野外测量所获取数据的不足和缺陷,以及其在遥感图像处理技术上的巨大成就,使人们能够从宏到微观的范围内,快速而有效地获取和利用多时相、多波段的地球资源与环境的影像信息,进而为改造自然,造福人类服务。

3) GIS 最初是从机助制图起步的,早期的 GIS 往往受到地图制图中在内容表达、处理和应用方面的习惯影响。但是建立在计算机技术和空间信息技术基础上的 GIS 数据库和空间分析方法,并不受传统地图纸平面的限制。GIS 不应当只是存取和绘制地图的工具,而应当是存取和处理空间实体的有效工具和手段,存取和绘制地图只是其功能之一。

4) GIS 与计算机科技、数学、运筹学、统计学、认知学等学科也密切相关。CAD 为 GIS 提供了数据输入和图形显示的基础软件;数据库管理系统(DBMS)更是 GIS 的核心;数学的许多分支,尤其几何学、图论、拓扑学、统计学、决策优化方法等被广泛应用于 GIS 空间数据的分析。

任务 1-2　GIS 的 构 成

GIS 功能的实现需要一定的环境支持,一个完整的 GIS 主要由五个部分构成,即计算机硬件系统、计算机软件系统、空间数据、地学模型和管理与应用人员。其中,计算机硬件和软件为 GIS 建设提供了运行环境;空间数据反映了 GIS 的地理内容;模型为 GIS 应用提供解决方案;人员是系统建设中的关键和能动性因素,直接影响和协调其他几个组成部分。系统构成如图 1-2 所示。

一、计算机硬件系统

计算机硬件系统是计算机系统中的实际物理装置的总称,可以是电子的、电的、磁的、机械的、光的元件或装置,是 GIS 的物理外壳。系统的规模、精度、速度、功能、形式、使用方法甚至软件都与硬件有极大的关系,受硬件指标的支持或制约。GIS 由于其任务的复杂性和特殊性,必须由计算机设备支持。

图 1-2　GIS 的构成

构成计算机硬件系统的基本组件包括输入/输出设备、中央处理单元、存储器(包括主存储器、辅助存储器硬件)等,这些硬件组件协同工作,向计算机系统提供必要的信息,使其完成任务;保存数据以备现在或将来使用;将处理得到的结果或信息提供给用户。

二、计算机软件系统

计算机软件系统是指必需的各种程序。对于 GIS 应用而言,通常包括以下内容。

1. 计算机系统软件

由计算机厂家提供的、为用户使用计算机提供方便的程序系统,通常包括操作系统、汇编程序、编译程序、诊断程序、库程序以及各种维护使用手册、程序说明等,是 GIS

日常工作所必需的。

2. GIS软件和其他支持软件

GIS软件和其他支持软件包括通用的GIS软件包，也可以包括数据库管理系统、计算机图形软件包、计算机图像处理系统、CAD等，用于支持对空间数据输入、存储、转换、输出和与用户接口。

3. GIS应用软件

GIS的应用行业非常广泛。基础平台软件提供的功能并不能满足各行业对GIS业务需求。这就需要GIS开发人员基于某个GIS平台已有的功能和开放的接口，结合某个行业的具体业务需求开发出符合行业需要的GIS应用系统。

三、管理与应用人员

人是GIS中的重要构成因素，GIS不同于一幅地图，它是一个动态的地理模型。仅有系统软硬件和数据还不能构成完整的地理信息系统，需要人进行系统组织、管理、维护和数据更新、系统扩充完善、应用程序开发，并灵活采用地理分析模型提取多种信息，为研究和决策服务。对于合格的系统设计、运行和使用来说，地理信息系统专业人员是地理信息系统应用的关键，而强有力的组织是系统运行的保障。一个周密规划的地理信息系统项目应包括负责系统设计和执行的项目经理、信息管理的技术人员、系统用户化的应用工程师以及最终运行系统的用户。

四、空间数据

空间数据是指以地球表面空间位置为参照的自然、社会和人文经济景观数据，可以是图形、图像、文字、表格和数字等。它是由系统的建立者通过数字化仪、扫描仪、键盘、磁带机或其他系统通信输入GIS，是系统程序作用的对象，是GIS所表达的现实世界经过模型抽象的实质性内容。

在GIS中，空间数据主要包括以下几种。

1. 某个已知坐标系中的位置

某个已知坐标系中的位置即几何坐标，标识地理景观在自然界或包含某个区域的地图中的空间位置，如经纬度、平面直角坐标、极坐标等，采用数字化仪输入时通常采用数字化仪直角坐标或屏幕直角坐标。

2. 实体间的空间关系

实体间的空间关系通常包括：度量关系，如两个地物之间的距离远近；延伸关系（或方位关系），定义了两个地物之间的方位；拓扑关系，定义了地物之间连通、邻接等关系，是GIS分析中最基本的关系。

3. 与几何位置无关的属性

与几何位置无关的属性即通常所说的非几何属性或简称属性，是与地理实体相联系的地理变量或地理意义。属性分为定性和定量的两种，前者包括名称、类型、特性等，后者包括数量和等级；定性描述的属性如土壤种类、行政区划等，定量的属性如面积、长度、土地等级、人口数量等。非几何属性一般是经过抽象的概念，通过分类、命名、量算、统计得到。任何地理实体至少有一个属性，而地理信息系统的分析、检索和表示主要是通过属性的操作运算实现的，因此，属性的分类系统、量算指标对系统的功能有较大的影响。

五、地学模型

GIS 的地学模型是根据具体的地学目标和问题，以 GIS 已有的操作和方法为基础，构建能够表达或模拟特定现象的计算机模型。尽管 GIS 提供了用于数据采集、处理、分析和可视化的一系列基础性功能，而与不同行业相结合的具体问题往往是复杂的，这些复杂的问题必须通过构建特定的地学模型进行模拟。

GIS 作为一门应用型学科，强大的空间分析功能支撑着其强大的发展潜力及其在相关行业广泛的应用。而以空间分析为核心并与特定地学问题相结合的地学模型，正是其价值的具体表现形式。因此，地学模型是 GIS 的重要组成部分。

任务1-3 GIS 的 功 能

在建立一个实用的地理信息系统过程中，从数据准备到系统完成，必须经过各种数据转换，每个转换都有可能改变原有的信息。一般 GIS 包括以下几项基本功能（图 1-3）。

图 1-3 GIS 的功能

一、数据采集与输入

数据采集与输入，是将系统外部的原始数据传输给系统内部，并将这些数据从外部格式转换为系统便于处理的内部格式的过程。

对多种形式和多种来源的信息，输入的方式也有多种。主要有图形数据输入、栅格数据输入、测量数据输入和属性数据输入等。

将系统外部的原始数据传输给系统内部，并将这些数据从外部格式转换为系统便于处理的内部格式通常是经过数字化、规范化和数据编码三个步骤实现的。

（1）数字化是指根据不同信息类型，经过跟踪数字化或扫描数字化，进行模数转换、坐标变换等，形成各种数据文件，存入数据库内。

（2）规范化是指对不同比例尺、不同投影坐标系统和不同精度的外来数据，必须统一坐标和记录格式，以便在同一基础上进一步工作。

（3）数据编码就是根据一定的数据结构和目标属性特征，将数据转换为计算机识别和管理的代码或编码字符。

数据输入方式与使用的设备密切相关，常用的有三种形式，即手扶跟踪数字化、扫描数字化和键盘输入。

二、数据编辑与更新

数据编辑主要包括图形编辑和属性编辑。

图形编辑主要包括图形修改、增加和删除、图形整饰、图形变换、图幅拼接、投影变换、误差校正和建立拓扑关系等。

属性编辑通常与数据库管理结合在一起完成，主要包括属性数据的修改、删除和插入等操作。

数据更新是以新的数据项或记录来替换数据文件或数据库中相应的数据项或记录，它是通过修改、删除和插入等一系列操作来实现的。

由于地理信息具有动态变化的特征，人们所获取的数据只反映地理事物某一瞬间或一定时间范围内的特征，随着时间的推进，数据会随之改变。因此，数据更新是GIS建立地理数据的时间序列，满足动态分析的前提，是对自然现象的发生和发展做出科学合理的预测预报的基础。

三、数据存储与管理

这是一个数据集成的过程，也是建立地理信息系统数据库的关键步骤，设计空间数据和属性数据的组织。栅格模型、矢量模型或栅格—矢量混合模型是常用的空间数据组织方法。空间数据结构的选择在一定程度上决定了系统所能执行的数据与分析的功能。

在地理数据组织与管理中，最为关键的是如何将空间数据与属性数据融为一体。目前大多数系统都是将二者分开存储，通过公共项来连接。这种组织方式的缺点是数据定义与数据操作相分离，无法有效地记录地物在时间域上的变化。

四、空间查询与分析

空间查询是地理信息系统以及许多其他自动化地理数据处理系统应具备的最基本的分析功能；而空间分析是地理信息系统的核心功能，也是地理信息系统与其他计算机系统的根本区别，模型分析是在地理信息系统支持下，分析和解决现实世界中与空间相关的问题，它是地理信息系统应用深化的重要标志。地理信息系统的空间分析可分为三个不同的层次。

1. 空间检索

包括从空间位置检索空间物体及其属性和从属性条件集检索空间物体。一方面，"空间索引"是空间检索的关键技术，如何有效地从大型的地理信息系统数据库中检索出所需信息，将影响地理信息系统的分析能力；另一方面，空间物体的图形表达也是空间检索的重要部分。

2. 空间拓扑叠加分析

空间拓扑叠加实现了输入要素属性的合并以及要素属性在空间上的连接。空间拓扑叠加本质是空间意义上的布尔运算。

3. 空间模型分析

在空间模型分析方面，目前多数研究工作着重于如何将地理信息系统与空间模型分析相结合。其研究可分三类：

第一类是地理信息系统外部的空间模型分析，将地理信息系统当作一个通用的空间数据库，而空间模型分析功能则借助于其他软件。

第二类是地理信息系统内部的空间模型分析，试图利用地理信息系统软件来提供空间分析模块以及发展适用于问题解决模型的宏语言，这种方法一般基于空间分析的复杂性与多样性，易于理解和应用，但由于地理信息系统软件所能提供空间分析功能极为有限，这种紧密结合的空间模型分析方法在实际地理信息系统的设计中较少使用。

第三类是混合型的空间模型分析，其宗旨在于尽可能地利用地理信息系统所提供的功能，同时也充分发挥地理信息系统使用者的能动性。

五、数据显示与输出

数据显示是指中间处理过程和最终结果的屏幕显示。通常用人机对话方式选择显示对象和形式，对于图形数据可根据要素的信息量和密集程度，选择放大或缩小显示。

输出是将GIS的产品通过输出设备（包括显示器、绘图机、打印机等）输出。GIS不仅可以输出全要素地图，还可以根据用户需要，分层输出各种专题地图、各类统计图、图表、数据和报告等。

一个好的地理信息系统应能够提供一种良好的交互式的制图环境，供用户设计、制作出具有高品质的地图产品。

总之，GIS的基本功能一方面是统一支配相关的海量信息，加快信息的处理速度、节约时间、提高效率，快速响应社会需求，直接创造社会财富；另一方面赢得预测、预报的时间，减少损失，间接获得经济效益。

任务1-4　GIS的应用

GIS应用领域极其广阔，几乎所有与空间位置有关的应用都可以通过GIS来解决，下面介绍GIS的重点应用领域。

一、测绘与地图制图

地理信息系统技术源于机助制图。地理信息系统技术与遥感（remote sensing，RS）、全球导航卫星系统（global navigation satellite system，GNSS，是对中国北斗卫星导航系统BDS、美国GPS、俄罗斯GLONASS、欧盟Galileo系统等这些单个卫星导航定位系统的统一称谓）技术在测绘界的广泛应用，为测绘与地图制图带来了一场革命性的变化。集中体现在：地图数据获取与成图的技术流程发生的根本的改变；地图的成图周期大大缩短；地图成图精度大幅度提高；地图的品种大大丰富。数字地图、网络地图、电子地图等一批崭新的地图形式为广大用户带来了巨大的应用便利。测绘与地图制图进入了一个崭新的时代。

二、资源管理

资源清查是地理信息系统最基本的职能，这时系统的主要任务是将各种来源的数据汇集在一起，并通过系统的统计和覆盖分析功能，按多种边界和属性条件，提供区域多种条件组合形式的资源统计和进行原始数据的快速再现。以土地利用类型为例，可以输出不同土地利用类型的分布和面积，按不同高程带划分的土地利用类型，不同坡度区内的土地利用现状，以及不同时期的土地利用变化等，为资源的合理利用、开发和科学管理提供依据。

三、城乡规划

城市与区域规划中要处理许多不同性质和不同特点的问题，它涉及资源、环境、人口、交通、经济、教育、文化和金融等多个地理变量和大量数据。地理信息系统的数据库管理有利于将这些数据信息归并到统一系统中，最后进行城市与区域多目标的开发和规划，包括城镇总体规划、城市建设用地适宜性评价、环境质量评价、道路交通规划、公共设施配置，以及城市环境的动态监测等。

四、灾害监测

利用地理信息系统，借助遥感遥测的数据，可以有效地用于森林火灾的预测预报、洪水灾情监测和洪水淹没损失的估算，为救灾抢险和防洪决策提供及时准确的信息。1994年的美国洛杉矶大地震，就是利用 ArcInfo 进行灾后应急响应决策支持，成为大都市利用 GIS 技术建立防震减灾系统的成功范例。通过对横滨大地震的震后影响作出评估，建立各类数字地图库，如地质、断层、倒塌建筑等图库。把各类图层进行叠加分析得出对应急有价值的信息，该系统的建成使有关机构可以对像神户一样的大都市大地震作出快速响应，最大限度地减少伤亡和损失。

五、环境保护

利用 GIS 技术建立城市环境监测、分析及预报信息系统；为实现环境监测与管理的科学化自动化提供最基本的条件；在区域环境质量现状评价过程中，利用 GIS 技术的辅助，实现对整个区域的环境质量进行客观地、全面地评价，以反映出区域中受污染的程度以及空间分布状态；在野生动植物保护中的应用，世界野生动物基金会采用 GIS 空间分析功能，帮助世界最大的猫科动物改变它目前濒于灭种的境地。

六、国防

现代战争的一个基本特点就是"3S"（GIS、GNSS、RS）技术被广泛地运用到从战略构思到战术安排的各个环节。它往往在一定程度上决定了战争的成败。如海湾战争期间，美国国防制图局为战争的需要在工作站上建立了 GIS 与遥感的集成系统，它能用自动影像匹配和自动目标识别技术，处理卫星和高空侦察机实时获得的战场数字影像，及时地将反映战场现状的正射影影像叠加到数字地图上，数据直接传送到海湾前线指挥部和五角大楼，为军事决策提供 24h 的实时服务。

七、宏观决策支持

地理信息系统利用拥有的数据库，通过一系列决策模型的构建和比较分析，为国家宏观决策提供依据。例如系统支持下的土地承载力的研究，可以解决土地资源与人口容量的规划。我国在三峡地区研究中，通过利用地理信息系统和机助制图的方法，建立环境监测系统，为三峡宏观决策提供了建库前后环境变化的数量、速度和演变趋势等可靠的数据。

八、商业与市场

商业设施的建立充分考虑其市场潜力。例如大型商场的建立如果不考虑其他商场的分布、待建区周围居民区的分布和人数，建成之后就可能无法达到预期的市场和服务面。有时甚至商场销售的品种和市场定位都必须与待建区的人口结构（年龄构成、性别构成、文化水平）、消费水平等结合起来考虑。地理信息系统的空间分析和数据库功能可以解决这些问题。房地产开发和销售过程中也可以利用 GIS 功能进行决策和分析。

九、选址分析

根据区域地理环境的特点，综合考虑资源配置、市场潜力、交通条件、地形特征、环境影响等因素，在区域范围内选择最佳位置，是 GIS 的一个典型应用领域，充分体现了 GIS 的空间分析功能。

十、资源配置

在城市中各种公用设施、救灾减灾中的物资分配、全国范围内的能源保障、粮食供应等都是资源配置问题。GIS 在这类应用中的目标是保证资源最合理配置、发挥最大效益。例如，在城市建设规划中，如何保证学校、公共设施、运动场所、服务设施等能够有最大的服务面。

总之，地理信息系统正越来越成为国民经济各有关领域必不可少的应用工具，相信它的不断成熟与完善将为社会的进步与发展作出更大的贡献。

任务 1-5　GIS 的 发 展

一、国际发展状况

纵观 GIS 的发展，可将地理信息系统发展分为以下几个阶段。

1. 开拓阶段（20 世纪 60 年代）

在 20 世纪 50 年代末和 60 年代初，计算机获得广泛应用以后，很快就被应用于空间数据的存储和处理，使计算机成为地图信息存储和计算处理的装置，将很多地图转换为能被计算机利用的数字形式，出现了地理信息系统的早期雏形。

这时地理信息系统的特征是和计算机技术的发展水平联系在一起的，表现在计算机存储能力小，磁带存取速度慢。机助制图能力较强，地学分析功能比较简单，实现了手扶跟踪的数字化方法，可以完成地图数据的拓扑编辑，分幅数据的自动拼接，开创了格网单元的操作方法，发展了许多面向格网的系统。

2. 巩固发展阶段（20 世纪 70 年代）

在 20 世纪 70 年代，计算机发展到第三代，随着计算机技术迅速发展，数据处理速度加快，内存容量增大，而且输入、输出设备比较齐全，推出了大容量直接存取设备——磁盘，为地理数据的录入、存储、检索、输出提供了强有力的手段，特别是人机对话和随机操作的应用，可以通过屏幕直接监视数字化的操作，而且制图分析的结果能很快看到，并可以进行实时的编辑。这时，由于计算机技术及其在自然资源和环境数据处理中的应用，促使地理信息系统迅速发展。地理信息系统在这时受到了政府部门、商业公司和大学的普遍重视。

3. 大发展阶段（20 世纪 80 年代）

由于大规模和超大规模集成电路的问世，推出了第四代计算机，特别是微型计算机和远程通信传输设备的出现为计算机的普及应用创造了条件，加上计算机网络的建立，使地理信息的传输时效得到极大的提高。在系统软件方面，完全面向数据管理的数据库管理系统通过操作系统管理数据，系统软件工具和应用软件工具得到研制，数据处理开始和数学模型、模拟等决策工具结合。地理信息系统的应用领域迅速扩大，从资源管理、环境规划到应急反应，从商业服务区域划分到政治选举分区等，涉及了许多的学科与领域。

4. 应用普及阶段（20 世纪 90 年代）

由于计算机的软硬件均得到飞速的发展，网络已进入千家万户，地理信息系统已成为许多机构必备的工作系统，尤其是政府决策部门在一定程度上由于受地理信息系统影响而改变了现有机构的运行方式、设置与工作计划等。另外，社会对地理信息系统认识普遍提高，需求大幅度增加，从而导致地理信息系统应用的扩大与深化。

5. 信息化服务阶段（21世纪初期）

这时期为 GIS 的空间信息网格（spatial information grid，SIG）和云计算（cloud computing）时代。随着 GIS 技术更加广泛和深入的应用，网络环境下的地理空间信息分布式存取、共享与交换、互操作、系统集成等成为新的发展亮点。空间信息网格是一种汇集和共享地理分布海量空间信息资源，对其进行一体化组织与处理，从而具有按需服务能力的空间信息基础设施。云计算是网格的延伸。在技术上，SIG 和云计算是一个分布的网络化环境，连接空间数据资源、计算资源、存储资源、处理工具和软件，以及用户能够协同组合各种空间信息资源，完成空间信息的应用与服务。在这个环境中，用户可以提出多种数据和处理的请求，系统能够联合地理分布数据、计算、网络和处理软件等各种资源，协同完成多个用户的请求。

二、我国发展状况

我国地理信息系统方面的工作自 20 世纪 80 年代初开始。以 1980 年中国科学院遥感应用研究所成立全国第一个地理信息系统研究室为标志，在几年的起步发展阶段中，我国地理信息系统在理论探索、硬件配制、软件研制、规范制订、区域试验研究、局部系统建立、初步应用试验和技术队伍培养等方面都取得了进步，积累了经验，为在全国范围内展开地理信息系统的研究和应用奠定了基础。

地理信息系统进入发展阶段的标志是从第七个五年计划开始，地理信息系统研究作为政府行为，正式列入国家科技攻关计划，开始了有计划、有组织、有目标的科学研究、应用实验和工程建设工作。

自 90 年代起，地理信息系统步入快速发展阶段，执行地理信息系统和遥感联合科技攻关计划，强调地理信息系统的实用化、集成化和工程化，力图使地理信息系统从初步发展时期的研究实验、局部应用走向实用化和生产化，为国民经济重大问题提供分析和决策依据。

总之，我国的 GIS 与国外相比，起步较晚，但发展势头迅猛，已经形成了初具规模的专业队伍和学术组织，并取得突出的成就，成为国民经济建设普遍使用的工具，并在各行各业发挥着重大作用。

三、GIS 发展趋势

经过 60 余年的发展，地理信息系统已经从高校和科研院所的实验室走入了人们生产、生活的各个方面，正以它独特而又强大的功能为人们提供各种地理空间信息服务。随着计算机技术、网络技术的不断发展，地理信息系统在未来还将取得更大的进展。具体说来，地理信息系统技术未来的发展可能主要体现在以下几个方面。

1. 服务领域更加广泛

地理信息系统已在我们今天生活的许多方面都取得了良好的应用，它代替人工完成了海量地理空间信息的存储与处理，快速便捷地为人们完成空间信息和属性信息的查询与检索工作，使过去十分繁重的地图编绘、测绘数据处理等与地理信息相关的工作强度大大降低，同时效率和质量大大提高。未来随着技术的发展，地理信息系统的服务领域将更加广泛。

目前在我国，地理信息系统在很大程度上依靠政府的推动和企业级用户的使用。在未来，地理信息系统将更加向个人用户普及，通过网络和数字终端（包括个人电脑、掌上电脑、手机以及其他终端），个人用户在吃、穿、住、用、行等各个方面都可以随时得到地理信息系统提供的空间信息服务。地理信息系统将形成政府、企业和个人三方面用户同时发展，服务领域涵盖政府公共管理、企业业务管理和个人信息服务等各个方面。

2. 服务内容更加丰富

地理信息系统的基础是地理空间信息，地理信息系统所能提供的服务内容受它所存储的信息的约束。随着硬件存储容量的不断提升，软件存储能力的不断提高，网络质量的进一步优化，有线和无线数据传输速度的进一步加快，地理信息的不断丰富，统一地理信息数据格式下的可共享的数据量的增加，以及应用分析模型的不断拓展和更新，地理信息系统的功能会更加强大，能够为人们提供更多更深入的信息服务内容。

3. 服务形式更加开放

地理信息系统所涉及的技术众多，因此大多数的地理信息系统都是开发者开发固定的功能、用户被动使用的模式。未来随着计算机技术和网络技术的发展，地理信息系统将成为更加开放的体系，用户可以通过网络或数字终端根据自我需要和喜好对地理信息系统进行定制，为地理信息系统加上自己需要的内容以及设置为自己喜好的风格。在此种开放的模式下，地理信息系统的发展融入了用户的知识和创新，将大大提高地理信息系统的产品品质和内容丰富度。

综上所述，随着技术的不断发展和应用的不断深入，地理信息系统在未来会发展成为应用更加广泛、内容更加丰富、形式更加开放并能为人们提供更好更多的信息服务的信息系统。

任务 1-6 ArcGIS 简介

一、ESRI 公司简介

美国环境系统研究所公司（Environmental Systems Research Institute, Inc.，简称 ESRI 公司）是全球地理信息系统领域的领导者，为用户提供最强大的制图和空间分析技术。ESRI 公司从 1969 年创立之初，就一直致力于通过帮助用户挖掘数据的全部潜能以提高其运营及业务能力，帮助用户成功。今天，ESRI 公司拥有超过 35 万用户，遍布全球各大城市。

多年来，ESRI 公司始终将 GIS 视为一门科学，并坚持运用独特的科学思维和方法，紧跟 IT 主流技术，开发出丰富而完整的产品线。公司致力于为全球各行业的用户提供先进的 GIS 技术和全面的 GIS 解决方案。ESRI 公司其多层次、可扩展、功能强大、开放性强的 ArcGIS 解决方案已经迅速成为提高政府部门和企业服务水平的重要工具。

二、ArcGIS 产品发展历史

1981 年 ESRI 公司发布了它的第一套商业 GIS 软件——ArcInfo 软件，它可以在计算机上显示诸如点、线、面等地理特征，并通过数据库管理工具将描述这些地理特征的属性数据结合起来。ArcInfo 被公认为第一个现代商业 GIS 系统。

1992 年，ESRI 公司推出了 ArcView 软件，它使人们用更少的投资就可以获得一套简单易用的桌面制图工具。ArcView 在刚刚出现的头 6 个月就在全球销售了 1 万套。同年，ESRI 公司还发布了 ArcData，它用于发布和出版商业的、即拿即用的高质量数据集，用户可以更快地构建和提升他们的 GIS 应用。

2001 年的 4 月 ESRI 公司开始推出 ArcGIS 8.1，它是一套基于工业标准的 GIS 软件家族产品，提供了功能强大的并且简单易用的完整的 GIS 解决方案。

2004 年 4 月，ESRI 公司推出了新一代 ArcGIS 软件 9，为构建完善的 GIS 系统，提供了一套完整的软件产品。

2006 年，发布 ArcGIS 9.2，它提供了一个以 GIS 服务为核心的强大平台，构建于 IT 标准框架，可以帮助用户更容易的创建、操作和共享地理信息。

2008 年，发布 ArcGIS 9.3，进一步提高了空间信息的管理能力，为掌控地理空间资源提供了更多新的服务和应用，是一个顺应 Web 2.0 时代的企业级 GIS 解决方案。

2009 年，发布 ArcGIS 9.3.1，实现了地图服务的优化，能够创建高性能的动态地图。同时可以方便地共享和搜索地理信息，如地图、数据层以及各种服务。

2010 年，ESRI 公司推出 ArcGIS 10，并同步发行法语、德语、日语、西班牙语和简体中文版本，这是全球首款支持云架构的 GIS 平台。ArcGIS 10 一举实现了协同 GIS、三维 GIS、时空 GIS、一体化 GIS、云 GIS 五大飞跃，并以其简单易用、功能强大、性能卓越等特性，成为 ESRI 公司产品史上新的里程碑。

2013 年 7 月 30 日，正式发布了 ArcGIS 10.2。该产品是 ESRI 公司又一个新的里程碑。在 ArcGIS 10.2 中，ESRI 公司充分利用了信息技术的重大变革来扩大 GIS 的影响力和适用性新产品在易用性、对实时数据的访问，以及与现有基础设施的集成等方面都得到了极大的改善。

2014 年 12 月 10 日，ArcGIS 10.3 正式发布。ArcGIS 10.3 隆重推出以用户为中心得全新授权模式、超强的三维"内芯"和革新性的桌面 GIS 应用（ArcGIS Pro）。

2016 年 2 月 18 日，ArcGIS 10.4 全新发布，带来了全新可视化功能及体验、企业级 GIS 优化以及众多应用程序。

之后几年又陆续发布了 ArcGIS 10.5、ArcGIS 10.6 和 ArcGIS 10.7 等版本。

2020 年 2 月，ArcGIS 10.8 发布。

2021 年 12 月，ArcGIS 10.8.2 发布。

三、ArcGIS Desktop

ArcGIS Desktop 是 ESRI 公司的 ArcGIS 产品家族中的桌面端软件产品，是为 GIS 专业人士提供的用于信息制作和使用的工具，利用 ArcGIS Desktop，可以实现任何从简单到复杂的 GIS 任务。

（一）版本

ArcGIS Desktop 根据用户不同的应用需求提供 3 个级别的独立软件产品，每个级别的产品提供不同层次的功能水平，如图 1-4 所示。

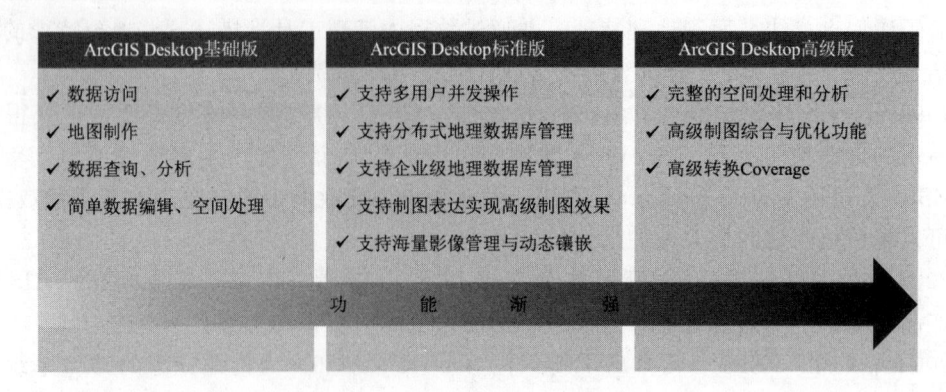

图 1-4　ArcGIS Desktop 产品级别

(1) ArcGIS Desktop 基础版：提供了综合性的数据使用、制图、分析，以及简单的数据编辑和空间处理工具。

(2) ArcGIS Desktop 标准版：在 ArcGIS Desktop 基础版的功能基础上，增加了对 Shapefile 和 Geodatabase 的高级编辑和管理功能。

(3) ArcGIS Desktop 高级版：是一个旗舰式的 GIS 桌面产品，在 ArcGIS Desktop 标准版的基础上，扩展了复杂的 GIS 分析功能和丰富的空间处理工具。

(二) 功能

ArcGIS Desktop 为 3 个层次产品都提供了一系列的扩展模块，使得用户可以实现高级分析功能，例如栅格空间处理和三维分析功能。这些模块，根据功能通常被划分为 3 类。

(1) 分析类：ArcGIS 3D Analyst、ArcGIS Spatial Analyst、ArcGIS Network Analyst、ArcGIS Geostatistical Analyst、ArcGIS Schematics、ArcGIS Tracking Analyst、Business Analyst Online Reports Add-in。

(2) 生产类：ArcGIS Data Interoperability、ArcGIS Data Reviewer、ArcGIS Publisher、ArcGIS Workflow Manager、ArcScan for ArcGIS、Maplex for ArcGIS。

(3) 解决方案类：ArcGIS Defense Solutions、ArcGIS for Aviation、ArcGIS for Maritime、ESRI Defense Mapping、ESRI Production Mapping、ESRI Roads and Highways。

启动各扩展模块的方法如图 1-5 所示。

勾选图 1-6 中对应扩展模块的复选框就可以使用。

四、ArcGIS Desktop 应用程序

(1) ArcGIS Desktop 包含了一套带有用户界面的 Windows 应用程序，包括如下几种。

1) ArcMap 是主要的应用程序，具有基于地图的所有功能，包括地图制图、数据分析和编辑等，如图 1-7 所示。

2) ArcCatalog 是地理数据的资源管理器，帮助用户组织和管理所有的 GIS 信息，比如地图、数据集、模型、元数据、服务等，如图 1-8 所示。

3) ArcScene 和 ArcGlobe：是适用于 3D 场景下的数据展示、分析等操作的应用程

图1-5 启动扩展模块

序,如图1-9和图1-10所示。

4) ArcToolbox 和 ModelBuilder：ArcToolbox 是地理数据处理工具的集合,功能强大,涵盖三维分析、网络分析、编辑工具、分析工具等功能,如图1-11所示。ModelBuilder是一个用来创建、编辑和管理模型的应用程序。模型是将一系列地理处理工具串联在一起的工作流,它将其中一个工具的输出作为另一个工具的输入。也可以将模型构建器看成是用于构建工作流的可视化编程语言,如图1-12所示。

（2）ArcGIS Desktop 主要功能。ArcGIS Desktop 的主要功能包含以下几方面。

1) 空间分析：ArcGIS Desktop 包含数以百计的空间分析工具,这些工具可以将数据转换为信息、以及进行许多自动化的 GIS 任务。例如,计算密度

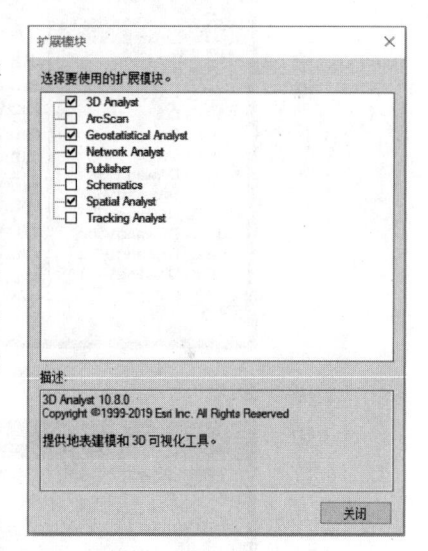

图1-6 选择扩展模块

和距离、高级统计分析、进行叠加和邻近分析、创建复杂的地理处理模型、表达表面和进行表面分析。

2) 数据管理：支持130余种数据格式的直接读取、80余种数据格式的转换,可以轻松集成所有类型的数据进行可视化和分析。提供了一系列的工具用于几何数据、属性表、元数据管理、创建以及组织。允许浏览查找地理信息,记录、查看和管理元数据,定义、导出和导入 Geodatabase（地理数据库）数据模型和数据集,创建和管理 Geodatabase 模型,以及在本地网络和 Web 上查找 GIS 数据。

图 1-7　ArcMap 界面

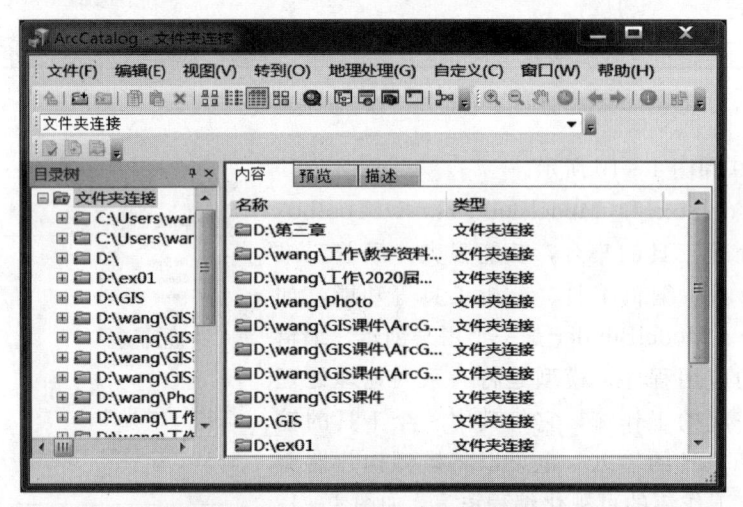

图 1-8　ArcCatalog 界面

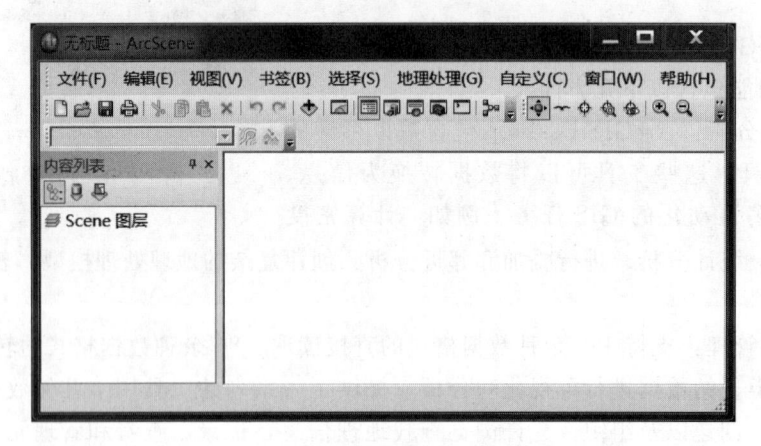

图 1-9　ArcScene 界面

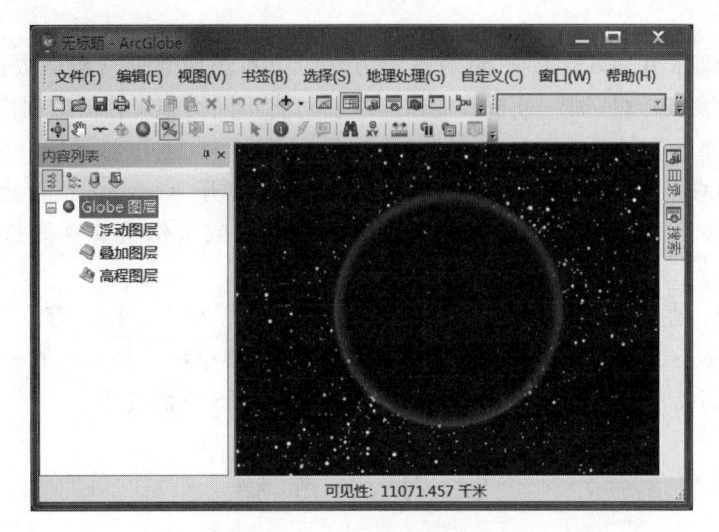

图 1-10　ArcGlobe 界面

图 1-11　ArcToolbox 界面　　图 1-12　ModelBuilder 界面

3）制图和可视化：无需复杂设计就能够生产高质量地图，在 ArcGIS Desktop 中可以使用：大量的符号库、简单向导和预定义的地图模板、成套的大量地图元素和图形、高级的绘图工具、图形、报表和动画要素、一套综合的专业制图工具。

4）高级编辑：使用强大的编辑工具，可以降低数据的操作难度并形成自动化的工作流。高级编辑和坐标几何（COGO）工具能够简化数据的设计、输入和清理。支持多用户编辑，可使多用户同时编辑 Geodatabase，这样便于部门、组织以及外出人员之间进行数据分享。

5）地理编码：从简单的数据分析，到商业和客户管理的分布技术，都是地理编码的广泛应用。使用地理编码地址，可以显示地址的空间位置，并认识到信息中事物的模式。这些，通过在 ArcGIS Desktop 进行简单的信息查看，或使用一些分析工具，就可以实现。

6）地图投影：诸多投影和地理坐标系统的选择，可以将来源不同的数据集合并到共同的框架中。可以轻松融合数据、进行各种分析操作，并生产出极其精确、具有专业品质的地图。

7) 高级影像：ArcGIS Desktop 有许多方法可以对影像数据（栅格数据）进行处理，可以使用他作为背景（底图）分析其他数据层。可将不同类型规格的数据应用到影像数据集，或参与分析。

8) 数据共享：在 ArcGIS Desktop 中，用户不用离开 ArcMap 界面就可以充分使用 ArcGIS Online。导入底图、搜索数据或要素、向个人或工作组共享信息，这些都能够实现。

9) 可定制：在 ArcGIS Desktop 中，使用 Python、.NET、Java 等语言通过 Add-in 或调用 ArcObjects 组件库的方式来添加和移除按钮、菜单项、停靠工具栏等，能够轻松定制用户界面。或者，使用 ArcGIS Engine 开发定制 GIS 桌面应用。

复 习 思 考 题

1. 简述 GIS 的发展历史及其发展趋势。
2. GIS 有哪些基本功能？
3. 简述 GIS 的组成及各部分的作用。
4. 与 GIS 相关的学科有哪些？
5. 举例说明 GIS 的应用领域。

模块二

空间数据采集

模块概述

GIS 处理的对象是空间数据，因此空间数据的采集成为 GIS 的基础性工作，包括数据的来源和每种数据源的获取方式等，不同数据源，数据存在的类型和格式也不同。在数据的获取过程中也会不同程度地存在错误和误差，所以学习空间数据质量评价与控制也是至关重要的。

学习目标

1. 知识目标

(1) 掌握空间数据的来源。

(2) 掌握各种空间数据的采集方法。

(3) 掌握属性数据的采集方法。

(4) 掌握空间数据质量评价与控制。

2. 技能目标

(1) 能利用仪器设备采集空间数据。

(2) 会矢量化已有地图数据。

(3) 会采集属性数据。

3. 态度目标

(1) 具有吃苦耐劳精神和勤俭节约作风。

(2) 具有爱岗敬业的职业精神。

(3) 具有良好的职业道德和团结协作能力。

(4) 具有独立思考解决问题的能力。

思政导读

北斗卫星导航系统

北斗卫星导航系统是中国自主建设、独立运行的全球卫星导航系统，其重要的发展阶段和历程如下：1994 年，中国启动了北斗一号卫星导航系统的建设。2000—2007 年，中国先后成功发射了 3 颗北斗一号卫星，实现了对中国及周边地区的定位、导航和授时服务。2004 年，中国启动了北斗二号卫星导航系统的建设。2012—2015 年，中国先后成功发射了 14 颗北斗二号卫星，实现了对亚太地区的定位、导航和授时服务。2015 年，中国启动了北斗三号卫星导航系统的建设。2017—2020 年，中国先后成功发射了 30 颗北斗三号卫星，实现了对全球的定位、导航和授时服务。2023 年 5 月 17 日，成功发射第 56 颗北斗导航卫星。该卫星属地球静止轨道卫星，是我国北斗三号工程的首颗备份卫星。实现了对现有地球静止轨道卫星的在轨热备份，将增强系统的可用性和稳健性，提升系统现有区域短报文通信容量三分之一，提高星基增强和精密单点定位服务性能，有助于用户实现快速高精度定位。

北斗卫星导航系统是中国自主研发的卫星导航系统，其发展历史蕴含着丰富的思政元素。

首先，北斗卫星导航系统的发展历程体现了中国科技自立自强的精神。在过去的几十年里，中国在卫星导航领域经历了从无到有、从小到大、从弱到强的历程。北斗卫星导航系统的成功研制和建设，不仅是中国科技自主创新的重要成果，而且是中国科技自立自强的重要标志。

其次，北斗卫星导航系统的发展历程体现了中国科技工作者的奋斗精神。在北斗卫星导航系统的研制过程中，中国科技工作者克服了各种困难和挑战，经历了无数次的试验和失败，但始终坚持不懈地探索和创新，最终实现了自主可控的目标。这种奋斗精神对于引导学生树立正确的人生观和价值观具有积极的作用。

此外，北斗卫星导航系统的发展历程还体现了国家对科技创新的重视和支持。政府通过制定一系列政策和规划，加大对北斗卫星导航系统的投入和支持力度，推动了这个产业的快速发展和提升。这表明了国家对于科技创新的重视和支持，对于培养学生的科技创新意识和实践能力具有重要的启示作用。

最后，北斗卫星导航系统的发展历程也体现了中国在全球卫星导航系统领域的贡献和影响力。北斗卫星导航系统的建设和发展，不仅为中国经济社会发展提供了重要的支撑和保障，而且为全球卫星导航系统的发展做出了贡献。这展示了中国在全球舞台上的地位和影响力，对于增强学生的民族自豪感和自信心具有积极的作用。

因此，北斗卫星导航系统的发展历史具有自立自强、奋斗精神、科技创新、国家重视、全球贡献等思政元素，这些元素对于培养学生的价值观、激发爱国热情、增强民族自豪感和自信心具有重要的作用。

任务 2-1　GIS 数 据 源

地理信息系统的数据源是指建立地理信息系统数据库所需要的各种类型数据的来源。在实际操作中，数据源多种多样，并且随着系统功能和应用领域的不同而不同，大体有以下几种。

一、地图

各种类型的地图是 GIS 最主要的数据源，因为地图是地理数据的传统描述形式，是具有共同参考坐标系统的点、线、面的二维平面形式的表示，内容丰富，图上实体间的空间关系直观，而且实体的类别或属性可以用各种不同的符号加以识别和表示。我国大多数的 GIS 系统的图形数据大部分都来自地图。

但由于地图具有以下的特点,对其应用时须加以注意。

(1) 地图存储介质的缺陷。由于地图多为纸质,由于存放条件的不同,都存在不同程度的变形,具体应用时,须对其进行纠正。

(2) 地图现势性较差。由于传统地图更新需要的周期较长,造成现存地图的现势性不能完全满足实际的需要。

(3) 地图投影的转换。由于地图投影的存在,使得对不同地图投影的地图数据进行交流前,须先进行地图投影的转换。

二、遥感影像数据

遥感影像是 GIS 中一个极其重要的信息源。特别是在进行大区域研究与分析时,它的优势更加明显。通过遥感影像可以快速、准确地获得大面积的、综合的各种专题信息,航天遥感影像还可以取得周期性的资料,这些都为 GIS 提供了丰富的信息,如图 2-1 所示。

随着遥感技术的不断发展,遥感数据在 GIS 中的地位越来越重要,为 GIS 源源不断地提供大量实时、动态、高分辨率的影像数据。

图 2-1 遥感影像

但是因为每种遥感影像都有其自身的成像规律、变形规律,所以对其的应用要注意影像的纠正、影像的分辨率、影像的解译特征等方面的问题。

三、统计数据

国民经济的各种统计数据常常也是 GIS 的数据源。如人口数量、人口构成、国民生产总值等。统计数据一般由国家政府机关提供,有些专题数据也可由其他政府部门或科研机构提供,在应用中需要区别对待。表 2-1 为广州市 2018 年常住人口和城镇化率统计表。

表 2-1　　　　　广州市 2018 年常住人口和城镇化率统计表

地 区	常住人口/万人	城镇化率/%	地 区	常住人口/万人	城镇化率/%
广州市	1490.44	86.38	黄埔区	111.41	91.65
荔湾区	97.00	100.00	番禺区	177.70	89.13
越秀区	117.89	100.00	花都区	109.26	68.80
海珠区	169.36	100.00	南沙区	75.17	72.79
天河区	174.66	100.00	从化区	64.71	45.08
白云区	271.43	81.02	增城区	121.85	73.10

四、实测数据

在没有所需的地图或遥感影像数据的情况下,就需要通过野外全站仪测量或使用 GNSS 接收机采集数据作为 GIS 的输入。测量前,需预选出地面上若干个重要点作为控制点,精确地测算出它们的平面位置和高程,以此作为控制和依据,详细测量其他地面各点或地理实体及其空间特征点的平面位置和高程,如图 2-2 所示。

各种实测数据特别是一些 GNSS 点位数据、地籍测量数据常常是 GIS 的一个很准确和很现实的资料。

五、数字数据

目前，随着各种专题图件的制作和各种 GIS 系统的建立，直接获取数字图形数据和属性数据的可能性越来越大。数字数据也成为 GIS 信息源不可缺少的一部分。但对数字数据的采用需注意数据格式的转换和数据精度、可信度的问题。当前应用最为广泛的数字数据主要有 4 种类型：DEM、DOM、DLG 和 DRG（统称为 4D 数据）。

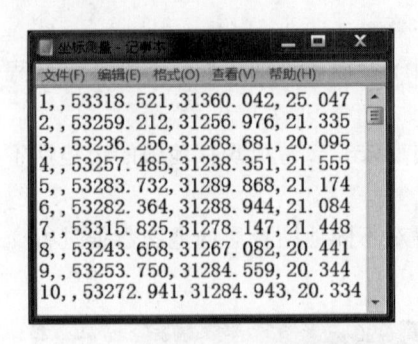

图 2-2 坐标测量数据文件

（1）DEM（digital elevation model，数字高程模型）是在一定范围内通过规则格网点描述地面高程信息的数据集，用于反映区域地貌形态的空间分布。数字高程模型是国家基础地理信息数字成果的主要组成部分。

由于 DEM 描述的是地面高程信息，它在测绘、水文、气象、地貌、地质、土壤、工程建设、通信、军事等国民经济和国防建设以及人文和自然科学领域有着广泛的应用。

（2）DOM（digital orthophoto map，数字正射影像图）是对航空（或航天）相片进行数字微分纠正和镶嵌，按一定图幅范围裁剪生成的数字正射影像集。它是同时具有地图几何精度和影像特征的图像。

DOM 具有精度高、信息丰富、直观逼真、获取快捷等优点，可作为地图分析背景控制信息，也可从中提取自然资源和社会经济发展的历史信息或最新信息，为防治灾害和公共设施建设规划等应用提供可靠依据；也可从中提取和派生新的信息，实现地图的修测更新；还可作为独立的背景层与地名注名、坐标注记、经纬度线、图廓线公里格、公里格网及其他要素层复合，制作各种专题图。

（3）DLG（digital line graphic，数字线划图）以点、线、面形式或地图特定图形符号形式表达地形要素的地理信息矢量数据集。点要素在矢量数据中表示为一组坐标及相应的属性值；线要素表示为一串坐标值及相应的属性值；面要素表示为首尾点重合的一串坐标值及相应的属性值。数字线划图是国家基础地理信息数字成果的主要组成部分。

DLG 是一种更为方便的放大、漫游、查询、检查、量测、叠加地图。其数据量小，便于分层，能快速地生成专题地图。此数据能满足地理信息系统进行各种空间分析要求，视为带有智能的数据。可随机地进行数据选取和显示，与其他几种产品叠加，便于分析、决策。GLG 的技术特征：地图地理内容、分幅、投影、精度、坐标系统与同比例尺地形图一致；图形输出为矢量格式，任意缩放均不变形。

（4）DRG（digital raster graphic，数字栅格地图）是根据现有纸质、胶片等地形图经扫描和几何纠正及色彩校正后，形成在内容、几何精度和色彩上与地形图保持一致的栅格数据集。

DRG 可作为背景用于数据参照或修测拟合其他地理相关信息，使用于数字线划图（DLG）的数据采集、评价和更新，还可与数字正射影像图（DOM）、数字高程模型（DEM）等数据信息集成使用。派生出新的可视信息，从而提取、更新地图数据，绘制纸质地图。

六、各种文字报告和立法文件

各种文字报告和立法文件在一些管理类的 GIS 系统中，有很大的应用，如在城市规划管理信息系统中，各种城市管理法规及规划报告在规划管理工作中起着很大的作用。

对于一个多用途的或综合型的系统，一般都要建立一个大而灵活的数据库，以支持其非常广泛的应用范围。而对于专题型和区域型统一的系统，则数据类型与系统功能之间具有非常密切的关系。

任务 2-2　图形数据采集

数据采集就是运用各种技术手段，通过各种渠道收集数据的过程。服务于地理信息系统的数据采集工作包括两方面内容：空间数据的采集和属性数据的采集，它们在过程上有很多不同，但也有一些具体方法是相通的。空间数据主要是指图形实体数据，空间数据输入则是通过各种输入设备完成图数转化的过程，将图形信号离散成计算机所能识别和处理的数字化数据的过程，通常 GIS 中用到的图形数据类型，包括各种纸质地图及扫描文件、航空航天影像数据和点采样数据等。

图形数据的采集是一个非常烦琐而重要的过程，其精度直接决定了地理数据乃至整个系统的精度和准确度。由于 GIS 数据种类繁多，精度要求高而且相当复杂，加上计算机发展水平的限制，在相当长的时期内，手工输入仍然是主要的数据输入手段。一般情况下，数据采集和输入的工作量几乎占整个系统工作量的一半以上。

图形数据的采集主要通过野外数据采集、现有地图数字化、摄影测量方法、遥感图像处理方法等来完成。

一、野外数据采集

野外数据采集是 GIS 数据采集的一个基础手段。对于大比例尺的城市地理信息系统而言，野外数据采集更是主要手段。

1. 平板测量

平板测量获取的是非数字化数据。虽然现在已不是 GIS 野外数据获取的主要手段，但由于它的成本低、技术容易掌握，少数部门和单位仍然在使用。平板仪测量包括小平板测量和大平板测量，测量的产品都是纸质地图。在传统的大比例尺地形图的生产过程中，一般在野外测量绘制铅笔草图，然后用小笔尖转绘在聚酯薄膜上，之后可以晒成蓝图提供给用户使用。当然也可以对铅笔草图进行手扶跟踪或扫描数字化使平板测量结果转变为数字数据，如图 2-3 所示。

2. 全野外数字测图

全野外数据采集设备是全站仪加电子手簿或电子平板配以相应的采集和编辑软件，作业分为编码和无码两种方法。数字化测绘记录设备以电子手簿为主。还可采用电子平板内外业一体化的作业方法，即利用电子平板（便携机）在野外进行碎部点展绘成图，如图 2-4 所示。

全野外数据采集测量工作包括图根控制测量、测站点的增补和地形碎部点的测量。采

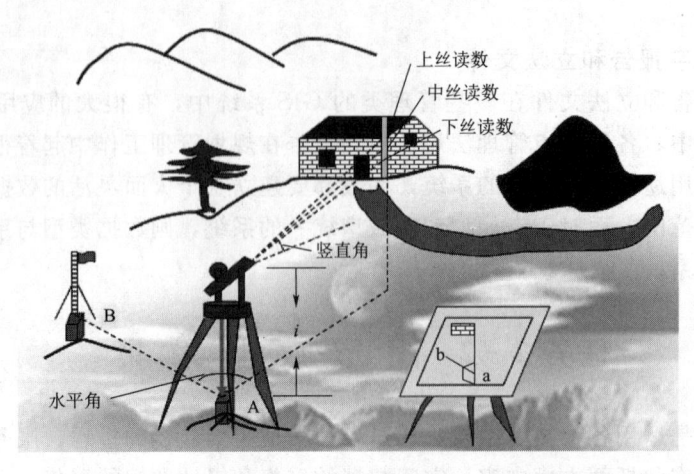

图 2-3 平板测量

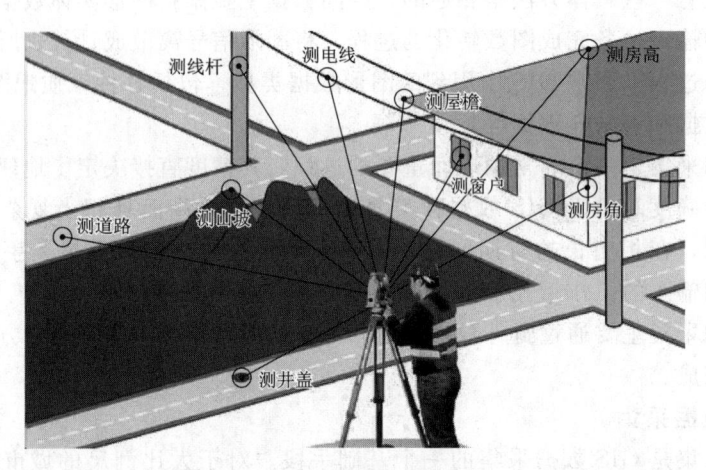

图 2-4 全站仪数据采集

用全站仪进行观测，用电子手簿记录观测数据或经计算后的测点坐标。每一个碎部点的记录，通常有点号、观测值或坐标，除此以外还有与地图符号有关的编码以及点之间的连接关系码。这些信息码以规定的数字代码表示。信息码的输入可在地形碎部测量的同时进行，即观测每一碎部点后按草图输入碎部点的信息码。地图上的地理名称及其他各种注记，除一部分根据信息码由计算机自动处理外，不能自动注记的需要在草图上注明，在内业通过人机交互编辑进行注记。

全野外数据采集与成图分为三个阶段：数据采集、数据处理和地图数据输出。数据采集是在野外利用全站仪等仪器测量特征点，并计算其坐标，赋予代码，明确点的连接关系和符号化信息。再经编辑、符号化、整饰等成图，通过绘图仪输出或直接存储成电子数据。数据采集和编码是计算机成图的基础，这一工作主要在外业完成。内业进行数据的图形处理，在人机交互方式下进行图形编辑，生成绘图文件，由绘图仪绘制地图。

通常工作步骤：先布设控制导线网，然后进行平差处理得出导线坐标，再采用极坐标法、支距法或后方交会法等，获得碎部点三维坐标。

3. 空间定位测量

空间定位测量也是GIS空间数据的主要数据源。目前，常用的全球导航卫星系统有美国的全球定位系统（Global Positioning System，GPS），俄罗斯的GLONASS全球导航卫星系统，以及欧洲的伽利略（GALILEO）导航卫星系统。我国的北斗卫星导航系统（BDS）也在逐步完善之中，它必将给我国用户提供快速、高精度的定位服务，也必将给我国提供更为丰富、高效的空间定位数据。GNSS接收机如图2-5所示。

图2-5 GNSS接收机

GNSS自建立以来，因其方便快捷和较高的精度，迅速在各个行业和部门得到了广泛的应用。它从一定程度上改变了传统野外测绘的实施方式，并成为GIS数据采集的重要手段，在许多应用型GIS中都得到了应用，如车载导航系统。

二、地图数字化

地图数字化是指根据现有纸质地图，通过手扶跟踪或扫描矢量化的方法，生产出可在计算机上进行存储、处理和分析的数字化数据。

1. 手扶跟踪数字化

早期，地图数字化所采用的工具是手扶跟踪数字化仪。这种设备是利用电磁感应原理，当使用者在电磁感应板上移动游标到图件的指定位置，按动相应的按钮时，电磁感应板周围的多路开关等线路可以检测出最大信号的位置，从而得到该点的坐标值，如图2-6所示。这种方式数字化的速度比较慢，工作量大，自动化程度低，数字化精度与作业员的操作有很大关系，所以目前已基本上不再采用。

2. 扫描矢量化

随着计算机软件和硬件更加便宜，并且提供了更多的功能，空间数

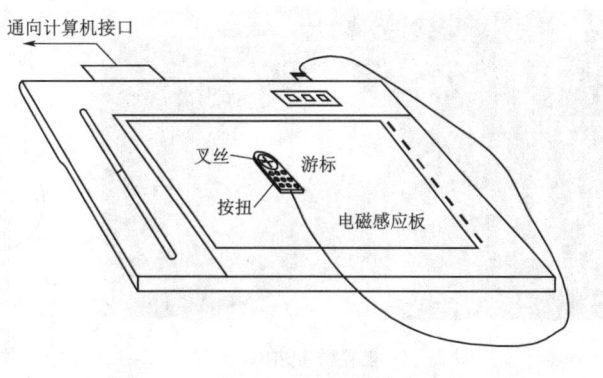

图2-6 手扶跟踪数字化仪示意图

据获取成本成为GIS项目中最主要的成分。由于手扶跟踪数字化需要大量的人工操作，使得它成为以数字为主体的应用项目瓶颈。扫描技术的出现无疑为空间数据录入提供了有力的工具。

常见的地图信息处理流程如图2-7所示。由于扫描仪扫描幅面一般小于地图幅面，因此大的纸地图需先分块扫描，然后进行相邻图对接；当显示终端分辨率及内存有限时，拼接后的数字地图还要裁剪成若干个归一化矩形块，对每个矩形块进行矢量化处理后生成便于编辑处理的矢量地图，最后把这些矢量化的矩形图块合成为一个完整的矢量电子地图，并进行修改、标注、计算和漫游等编辑处理。

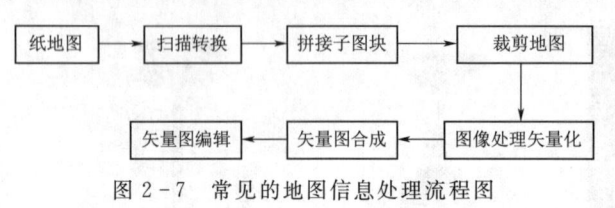

图2-7 常见的地图信息处理流程图

三、摄影测量方法

摄影测量是指根据在飞行器上拍摄的地面相片，获取地面信息，测绘地形图，如图2-8所示。摄影是快速获取地理信息的重要技术手段，是测制和更新国家地形图以及建立地理信息数据库的重要资料源。摄影测量技术曾经在我国基本比例尺地形图生产过程中扮演了重要角色，我国绝大部分1∶10000和1∶50000基本比例尺地形图使用了摄影测量方法。随着数字摄影测量技术的推广，在GIS空间数据采集的过程中，摄影测量也起着越来越重要的作用。

1. 摄影测量原理

摄影测量包括地面摄影测量和航空摄影测量。地面摄影测量一般采用倾斜摄影或交向摄影，航空摄影测量一般采用垂直摄影。摄影机镜头中心垂直于聚焦平面（胶片平面）的连线称为相机的主轴线。航测上规定当主轴线与铅垂线方向的夹角小于3°时为垂直摄影。摄影测量通常采用立体摄影测量方法采集某一地区空间数据，对同一地区同时摄取两张或多张重叠的相片，在室内的光学仪器上或计算机内恢复它们的摄影方位，重构地形表面，即把野外的地形表面搬到室内进行观测。航测上对立体覆盖的要求是当飞机沿一条航线飞行时相机拍摄的任意相邻两张相片的重叠度（航向重叠）不少于55%~65%，在相邻航线上的两张相邻相片的旁向重叠应保持在30%，如图2-9所示。

图2-8 航空飞机拍摄 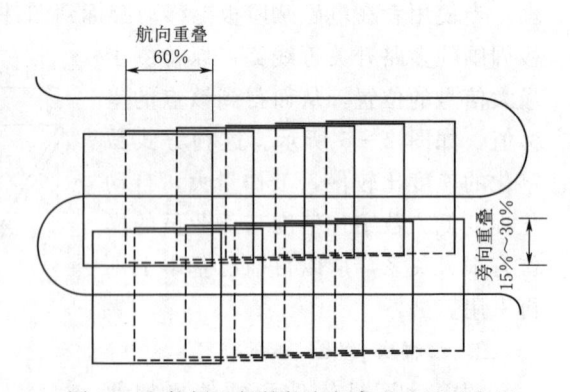　　　　图2-9 航摄飞行的航向与旁向重叠示意图

2. 数字摄影测量的数据处理流程

数字摄影测量一般指全数字摄影测量，它是基于数字影像与摄影测量的基本原理，应用计算机技术、数字影像处理、影像匹配、模式识别等多学科的理论与方法，提取所摄对象用数字方式表达的集合与物理信息的摄影测量方法。

数字摄影测量是摄影测量发展的全新阶段，与传统摄影测量不同的是，数字摄影测量所处理的原始影像是数字影像。数字摄影测量继承立体摄影测量和解析摄影测量的原理，同样需要内定向、相对定向和绝对定向。不同的是数字摄影测量直接在计算机内建立立体模型。由于数字摄影测量的影像已经完全实现了数字化，数据处理在计算机内进行，所以可以加入许多人工智能的算法，使它进行自动内定向、自动相对定向、半自动绝对定向。不仅如此，还可以进行自动相关、识别左右像片的同名点、自动获取数字高程模型，进而生产数字正射影像。还可以加入某些模式识别的功能，自动识别和提取数字影像上的地物目标。

3. 倾斜摄影测量技术

倾斜摄影技术是国际测绘领域近些年发展起来的一项高新技术，它颠覆了以往正射影像只能从垂直角度拍摄的局限，通过在同一飞行平台上搭载多台传感器，同时从1个垂直、4个倾斜5个不同的角度采集影像，将用户引入了符合人眼视觉的真实直观世界，如图2-10所示。

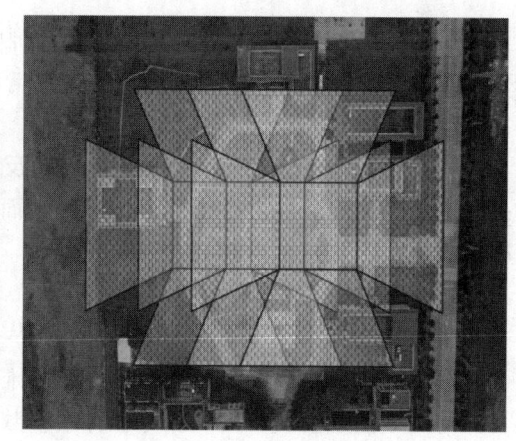

图2-10 倾斜摄影测量技术

倾斜摄影技术不仅能够真实地反映地物情况，高精度地获取物方纹理信息，还可通过先进的定位、融合、建模等技术，生成真实的三维城市模型。该技术在发达国家已经广泛应用于应急指挥、国土安全、城市管理、房产税收等行业。

倾斜摄影测量技术以大范围、高精度、高清晰的方式全面感知复杂场景，通过高效的数据采集设备及专业的数据处理流程生成的数据成果直观反映地物的外观、位置、高度等属性，为真实效果和测绘级精度提供保证。同时有效提升模型的生产效率，采用人工建模方式一两年才能完成的一个中小城市建模工作，通过倾斜摄影建模方式只需要3~5个月时间即可完成，大大降低了三维模型构建的经济代价和时间代价。目前，国内外已广泛开展倾斜摄影测量技术的应用，倾斜摄影建模数据也逐渐成为城市空间数据框架的重要内容。

四、遥感图像处理

遥感是在不直接接触的情况下，对目标物或自然现象远距离感知的一门探测技术。任何物体都具有光谱特性，具体地说，它们都具有不同的吸收、反射、辐射光谱的性能。在同一光谱区各种物体反映的情况不同，同一物体对不同光谱的反映也有明显差别。即使是同一物体，在不同的时间和地点，由于太阳光照射角度不同，它们反射和吸收的光谱也各不相同。遥感就是根据这些原理，对物体作出判断，如图 2-11 所示。

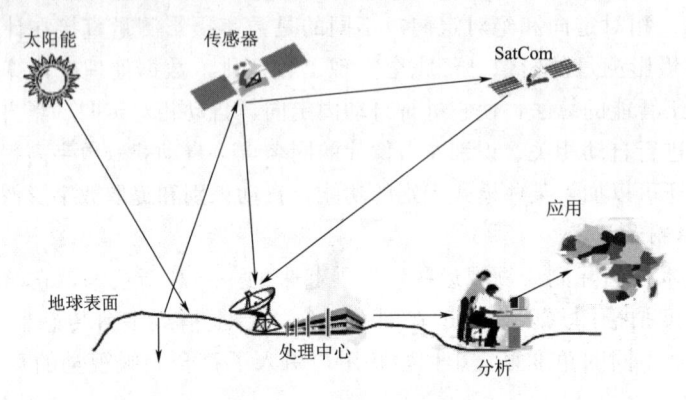

图 2-11 遥感工作过程

将遥感技术与计算机技术结合，使遥感制图从目视解译走向计算机化的轨道，并为 GIS 的地图更新、研究环境因素随时间变化情况提供了技术支持，也是 GIS 获取数据的一个重要手段。

地面接收太阳辐射，地表各类地物对其反射的特性各不相同，搭载在卫星上的传感器捕捉并记录这种信息，之后将数据传输回地面，然后从所得数据，经过一系列处理过程，可得到满足 GIS 需求的数据。

五、三维激光扫描

三维激光扫描技术是继 GNSS 之后的又一项测绘技术新突破，它利用激光测距的原理，通过记录被测物体表面大量密集点的三维坐标、反射率和纹理等信息，可快速复建被测目标的三维模型及线、面、体等各种图形数据，可以快速、大量地采集空间点位信息，为快速建立物体的三维模型提供一种全新的技术手段。相对于传统的单点测量，三维激光扫描技术也被称为从单点测量进化到面测量的技术性革命突破。

三维激光扫描数据获取步骤如下。

（1）确定扫描方案：根据项目需求和目标，确定扫描的区域、分辨率和精度等。

（2）设备准备：选择合适的三维激光扫描仪，并对其进行安装和调试。

（3）数据采集：将扫描仪放置在需要扫描的位置，并调整其角度和高度，确保能够覆盖目标区域。然后进行数据采集，即通过激光测距和角度测量来获取物体表面的点云数据。

（4）数据处理：将采集到的数据进行预处理，包括去除噪声、点云拼接、坐标转换等。

（5）数据输出：将处理后的点云数据输出为所需的格式，如 XYZ、DXF、STL 等。

总之，三维激光扫描是一种高效、准确、非接触式的测量方法，广泛应用于建筑、考古、地质、室内设计、灾害评估、交通事故处理等领域。

任务 2-3 属性数据采集

属性数据即空间实体的特征数据，一般包括名称、等级、数量、代码等多种形式，属性数据的内容有时直接记录在栅格或矢量数据文件中，有时则单独输入数据库存储为属性文件，通过关键码与图形数据相联系。

对于要输入属性库的属性数据，通过键盘则可直接键入。对于要直接记录到栅格或矢量数据文件中的属性数据，则必须先对其进行编码，将各种属性数据变为计算机可以接受的数字或字符形式，便于 GIS 存储管理。

下面简要介绍属性数据的编码原则、编码内容和编码方法。

一、编码原则

属性数据编码一般要基于以下 5 个原则：

（1）编码的系统性和科学性。编码系统在逻辑上必须满足所涉及学科的科学分类方法，以体现该类属性本身的自然系统性。另外，还要能反映出同一类型中不同的级别特点。一个编码系统能否有效运作其核心问题就在于此。

（2）编码的一致性。一致性是指对象的专业名词、术语的定义等必须严格保证一致，对代码所定义的同一专业名词、术语必须是唯一的。

（3）编码的标准化和通用性。为满足未来有效的信息传输和交流，所制定的编码系统必须在有可能的条件下实现标准化。

（4）编码的简捷性。在满足国家标准的前提下，每一种编码应该是以最小的数据量载负最大的信息量，这样，既便于计算机存贮和处理，又具有相当的可读性。

（5）编码的可扩展性。虽然代码的码位一般要求紧凑经济、减少冗余代码，但应考虑到实际使用时往往会出现新的类型需要加入到编码系统中，因此编码的设置应留有扩展的余地，避免新对象的出现而使原编码系统失效、造成编码错乱现象。

二、编码内容

属性编码一般包括 3 个方面的内容：

（1）登记部分，用来标识属性数据的序号，可以是简单的连续编号，也可划分不同层次进行顺序编码。

（2）分类部分，用来标识属性的地理特征，可采用多位代码反映多种特征。

（3）控制部分，用来通过一定的查错算法，检查在编码、录入和传输中的错误，在属性数据量较大情况下具有重要意义。

三、编码方法

编码的一般方法如下：

（1）列出全部制图对象清单。

（2）制定对象分类、分级原则和指标将制图对象进行分类、分级。

（3）拟定分类代码系统。

(4) 设定代码及其格式。设定代码使用的字符和数字、码位长度、码位分配等。

(5) 建立代码和编码对象的对照表。这是编码最终成果档案，是数据输入计算机进行编码的依据。

目前，较为常用的编码方法有层次分类编码法和多源分类编码法两种。

1. 层次分类编码法

层次分类编码法是按照分类对象的从属和层次关系为排列顺序的一种代码。它的优点是能明确表示出分类对象的类别，代码结构有严格的隶属关系，如图2-12所示。

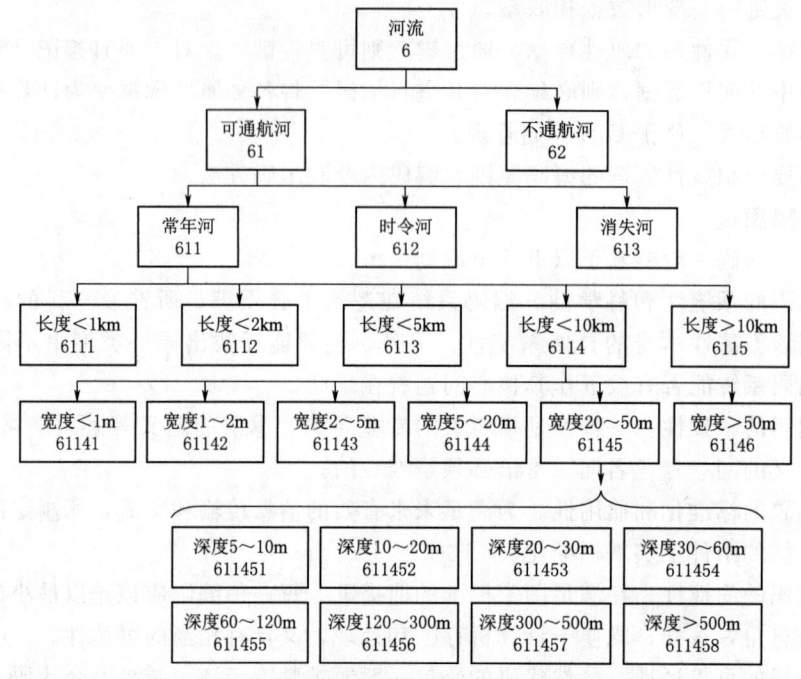

图2-12 河流类型的层次分类编码方案

2. 多源分类编码法

多源分类编码法，又称独立分类编码法，是指对于一个特定的分类目标，根据诸多不同的分类依据分别进行编码，各位数字代码之间并没有隶属关系。

表2-2 河流编码的标准分类方案

通航情况	流水季节	河流长度	河流宽度	河流深度
通航：1	常年河：1	<1km：1	<1m：1	5~10m：1
不通航：2	时令河：2	<2km：2	1~2m：2	10~20m：2
	消失河：3	<5km：3	2~5m：3	20~30m：3
		<10km：4	5~20m：4	30~60m：4
		>10km：5	20~50m：5	60~120m：5
			>50m：6	120~300m：6
				300~-500m：7
				>500m：8

按表 2-2，某常年河，通航，主流长 7km，宽 25m，平均深度为 50m 的编码为：11454。由此可见，该种编码方法一般具有较大的信息载量。有利于对于空间信息的综合分析。

在实际工作中，也往往将以上两种编码方法结合使用，以达到更理想的效果。

任务 2-4　空间数据质量评价与控制

一、数据质量基本概念

空间数据是地理信息系统最基本和最重要的组成部分，也是一个地理信息系统项目中成本比重最大的部分。数据质量的好坏，关系到分析过程的效率高低，及至影响着系统应用分析结果的可靠程度和系统应用目标的真正实现。

空间位置、专题特征以及时间是表达现实世界空间变化的 3 个基本要素。空间数据是有关空间位置、专题特征以及时间信息的符号记录。而数据质量则是空间数据在表达这 3 个基本要素时，所能够达到的准确性、一致性、完整性，以及它们三者之间统一程度。

空间数据是对现实世界的抽象和表达，由于现实世界的复杂性和模糊性，以及认识和表达能力的局限性，这种抽象和表达总是不可能完全达到真实值，而只能在一定程度上接近真值。从这种意义上讲，数据质量发生问题是不可避免的。另外，对空间数据的处理也会出现质量问题。

通常，空间数据的质量用以下几方面的指标来进行描述。

(1) 误差：它反映了数据与真实性或者大家公认的真值之间的差异，它是一种常用的数据准确性的表达方式。

(2) 数据的准确度：指结果、计算值或估计值与真实值或者大家公认的真值的接近程度。

(3) 数据的精密度：指数据表示的精密程度，也指数据表示的有效位数。精密度的实质在于它对数据准确度的影响，同时在很多情况下，它可以通过准确度而得到体现。故常把二者结合在一起称为精确度，简称精度。精度通常表示成一个统计值，它基于一组重复的监测值，如样本平均值的标准差。

(4) 数据的不确定性：不确定性是指对真值的认知或肯定的程度，是更广泛意义上的误差，包含系统误差、偶然误差、粗差、可度量和不可度量误差、数据的不完整性、概念的模糊性等。在 GIS 中，用于进行空间分析的空间数据，其真值一般无从量测，空间分析模型往往是在对自然现象认识的基础上建立的，因而空间数据和空间分析中倾向于采用不确定性来描述数据和分析结果的质量。

二、空间数据质量标准

空间数据质量标准是生产、使用和评价空间数据的依据。数据质量是数据整体性能的综合体现。空间数据质量标准的建立必须考虑空间过程和现象的认知、表达、处理、再现等全过程。空间数据质量标准要素及其内容如下：

(1) 数据说明：要求对空间数据的来源、数据内容及其处理过程等作出准确、全面和详尽的说明。

(2) 位置精度：指空间实体的坐标数据与实体真实位置的接近程度，常表现为空间三维坐标数据的精度。包括数学基础精度、平面精度、高程精度、接边精度、形状再现精度、象元定位精度等。

(3) 属性精度：指空间实体的属性值与其真值相符的程度。它取决于地理数据的类型，常常与位置精度有关。包括要素分类与代码的正确性、要素属性值的准确性及其名称的正确性等。

(4) 时间精度：指时间的现势性。可以通过数据更新的时间和频度来体现。

(5) 逻辑一致性：指地理数据关系上的可靠性，包括数据结构、数据内容，以及拓扑性质上的内在一致性。

(6) 完整性：指地理数据在范围、内容及结构等方面满足所有要求的完整程度，包括数据范围、空间实体类型、空间关系分类、属性特征分类等方面的完整性。

(7) 表达形式的合理性：指数据抽象、数据表达与实体的吻合性，包括空间特征、专题特征和时间特征表达的合理性等。

三、空间数据质量评价

空间数据质量评价就是用空间数据质量标准对数据所描述的空间、时间和专题特征进行评价（表2-3）。

表2-3 空间数据质量评价

空间数据要素 \ 空间数据描述	空间特征	时间特征	专题特征
世系（继承性）	√	√	√
位置精度	√	√	√
属性精度	√	√	√
逻辑一致性	√	√	√
完整性	√	√	√
表现形式准确性	√	√	√

四、空间数据质量的控制

1. 空间数据质量控制方法

数据质量控制是指在GIS建设和应用过程中，对可能引入误差的步骤和过程加以控制，对检查出的错误和误差进行修正，以达到提高系统数据质量和应用水平的目的。数据质量控制是个复杂的过程，要控制数据质量应从数据质量产生和扩散的所有过程和环节入手，分别用一定的方法减少误差。空间数据质量控制常见的方法如下。

(1) 传统的手工方法。质量控制的人工方法主要是将数字化数据与数据源进行比较，图形部分的检查包括目视方法、绘制到透明图上与原图叠加比较，属性部分的检查采用与原属性逐个对比或其他比较方法。

(2) 元数据方法。数据集的元数据中包含了大量的有关数据质量的信息，通过它可以检查数据质量,同时元数据也记录了数据处理过程中质量的变化,通过跟踪元数据可以了解数据质量的状况和变化。

(3) 地理相关法。用空间数据的地理特征要素自身的相关性来分析数据的质量。例如,从地表自然特征的空间分布着手分析,山区河流应位于微地形的最低点,因此,叠加河流和等高线两层数据时,若河流的位置不在等高线的外凸连线上,则说明两层数据中必有一层数据有质量问题,如不能确定哪层数据有问题时,可以通过将它们分别与其他质量可靠的数据层叠加来进一步分析。因此,可以建立一个有关地理特征要素相关关系的知识库,以备各空间数据层之间地理特征要素的相关分析之用。

数据质量控制应体现在数据生产和处理的各个环节。下面以地图数字化生成地图数据过程为例,说明数据质量控制的方法。

2. 空间数据质量控制的内容

数字化过程的质量控制,主要包括数据预处理、数字化设备的选用、数字化对点精度、数字化限差和数据精度检查等项内容。

(1) 数据预处理。主要包括对原始地图、表格等的整理、誊清或清绘。对于质量不高的数据源,如散乱的文档和图面不清晰的地图,通过预处理工作不但可减少数字化误差,还可提高数字化工作的效率。对于扫描数字化的原始图形或图像,还可采用分版扫描的方法,来减少矢量化误差。

(2) 数字化设备的选用。主要根据手扶数字化仪、扫描仪等设备的分辨率和精度等有关参数进行挑选,这些参数应不低于设计的数据精度要求。一般要求数字化仪的分辨率达到 0.025mm,精度达到 0.2mm;扫描仪的分辨率则不低于 0.083mm。

(3) 数字化对点精度(准确性)。是数字化时数据采集点与原始点重合的程度。一般要求数字化对点误差应小于 0.1mm。

(4) 数字化限差。限差的最大值分别规定如下:采点密度(0.2mm)、接边误差(0.02mm)、接合距离(0.02mm)、悬挂距离(0.007mm)、细化距离(0.007mm)和纹理距离(0.01mm)。

接边误差控制,通常当相邻图幅对应要素间距离小于 0.3mm 时,可移动其中一个要素以使两者接合;当这一距离在 0.3~0.6mm 时,两要素各自移动一半距离;若距离大于 0.6mm,则按一般制图原则接边,并作记录。

(5) 数据精度检查。主要检查输出图与原始图之间的点位误差。一般要求,对直线地物和独立地物,这一误差应小于 0.2mm;对曲线地物和水系,这一误差应小于 0.3mm;对边界模糊的要素应小于 0.5mm。

复 习 思 考 题

1. 何谓数据采集?数据采集有哪些方式?
2. 地图扫描数据的后续处理包括哪些步骤?
3. 数据采集常用哪些设备?
4. 矢量数据的获取可以通过哪些途径?

5. 栅格数据的获取可以通过哪些途径？
6. 简述属性编码的原则与内容。
7. 数据质量应从哪几方面分析？
8. 数据质量控制常见方法有哪些？
9. 空间数据元数据的作用有哪些？

模块三

空间数据处理

模块概述

空间数据的来源多种多样，数据具有不同的类型、不同的格式、不同的精度、不同的坐标系统和不同的表达方式。为此，获取的空间数据在使用之前，需要进行各种处理，包括编辑、拓扑关系的建立、坐标变换、裁剪和拼接等，为后续的空间数据分析奠定良好基础。

学习目标

1. 知识目标

（1）掌握空间数据的编辑方法。

（2）掌握空间数据拓扑关系的建立方法。

（3）掌握空间数据的坐标转换方法。

（4）掌握空间数据插值、裁剪和拼接等方法。

2. 技能目标

（1）会编辑空间数据。

（2）会建立空间数据的拓扑关系。

（3）会进行空间数据的坐标变换。

（4）会进行空间数据插值、裁剪和拼接。

3. 态度目标

（1）具有吃苦耐劳精神和勤俭节约作风。

（2）具有爱岗敬业的职业精神。

（3）具有良好的职业道德和团结协作能力。

思政导读

中国大地坐标系的发展

1. 中国大地坐标系的发展历程

（1）苏联克拉索夫斯基椭球体：在20世纪50年代初期，中国采用了苏联克拉索夫斯基椭球体作为国家大地坐标系的参考椭球体，这个椭球体参数采用了国际大地测量与地球物理学联合会（IUGG）1945年推荐的参数。

（2）1954年北京坐标系：在20世纪50年代中期，中国建立了1954年北京坐标系。

这个坐标系以苏联克拉索夫斯基椭球体为基础，但在长轴和扁率上有所修改，以适应我国大地测量结果。该坐标系平差结果在全国范围内得到了广泛应用。

（3）1980年西安坐标系：在积累了30年测绘资料的基础上，中国在1980年建立了1980年西安坐标系。这个坐标系以1975年第16届国际大地测量及地球物理联合会推荐的新的椭球体参数为基础，以陕西省西安市以北泾阳县永乐镇某点为国家大地坐标原点。该坐标系属于参心大地坐标系，不适合建立全球统一的坐标系统。

（4）2000国家大地坐标系：在2000年，中国建立了2000国家大地坐标系，这个坐标系的原点为包括海洋和大气的整个地球的质量中心，因此属于地心大地坐标系。这个坐标系的建立采用了国际公认的大地基准ITRF97，更好地与全球其他国家和地区的大地测量结果进行衔接和匹配。

总之，中国大地坐标系的发展经历了多个阶段，从最初的苏联克拉索夫斯基椭球体到现代的ITRF97和2000中国大地坐标系，这些坐标系都是为了更好地适应不同历史时期的需要和技术发展水平。

2. 我国空间坐标系的发展蕴含的思政元素

（1）自立自强、自主创新：从最初采用苏联克拉索夫斯基椭球体，到后来的西安80坐标系和2000国家大地坐标系的建立，都体现了中国在空间坐标系领域自立自强、自主创新的精神。这种精神是中国科技事业发展的重要支撑，也是实现国家富强、民族复兴的重要动力。

（2）追求卓越、精益求精：空间坐标系的建立需要高精度的测量技术和数据处理技术，这要求科技工作者具备追求卓越、精益求精的精神。这种精神是中国科技事业不断进步的重要保障，也是实现高质量发展的关键。

（3）团结协作、攻坚克难：空间坐标系的建立是一个复杂而庞大的系统工程，需要不同领域、不同地区的科技工作者团结协作、攻坚克难。这种精神是中国科技事业取得重大成就的重要原因，也是实现中华民族伟大复兴的必然要求。

（4）服务人民、造福社会：空间坐标系的建立和应用旨在服务人民、造福社会，为经济建设、国防建设和社会发展提供基础数据和技术支撑。这体现了中国科技事业的初心和使命，也是实现人民幸福、国家富强的重要体现。

因此，我国空间坐标系的发展中蕴含了自立自强、自主创新、追求卓越、精益求精、团结协作、攻坚克难以及服务人民、造福社会等思政元素。这些元素是中国科技事业发展的重要支撑和动力，也是实现中华民族伟大复兴的必然要求。

任务 3-1 空间数据编辑

由于各种空间数据源本身的误差，以及数据采集过程中不可避免的错误，使得获得的空间数据不可避免地存在各种错误。为了"净化"数据，满足空间分析与应用的需要，在采集完数据之后，必须对数据进行必要的检查，包括空间实体是否遗漏、是否重复录入某些实体、图形定位是否错误、属性数据是否准确以及与图形数据的关联是否正确等。数据编辑是数据处理的主要环节，并贯穿于整个数据采集与处理过程。

一、图形数据编辑

空间数据采集过程中，采用已有地图进行数字化是较常用的方式。由于地图数字化，特别是手扶跟踪数字化，是一件耗时、繁杂的人力劳动，在数字化过程中的错误几乎是不可避免的，错误的具体表现形式如下。

(1) 伪节点（pseudo node），伪节点使一条完整的线变成两段（图 3-1），造成伪节点的原因常常是没有一次录入完毕一条线。

(2) 悬挂节点（dangling node），如果一个节点只与一条线相连接，那么该节点称为悬挂节点，悬挂节点有多边形不封闭（图 3-2）、不及和过头（图 3-3）、节点不重合（图 3-4）等几种情形。

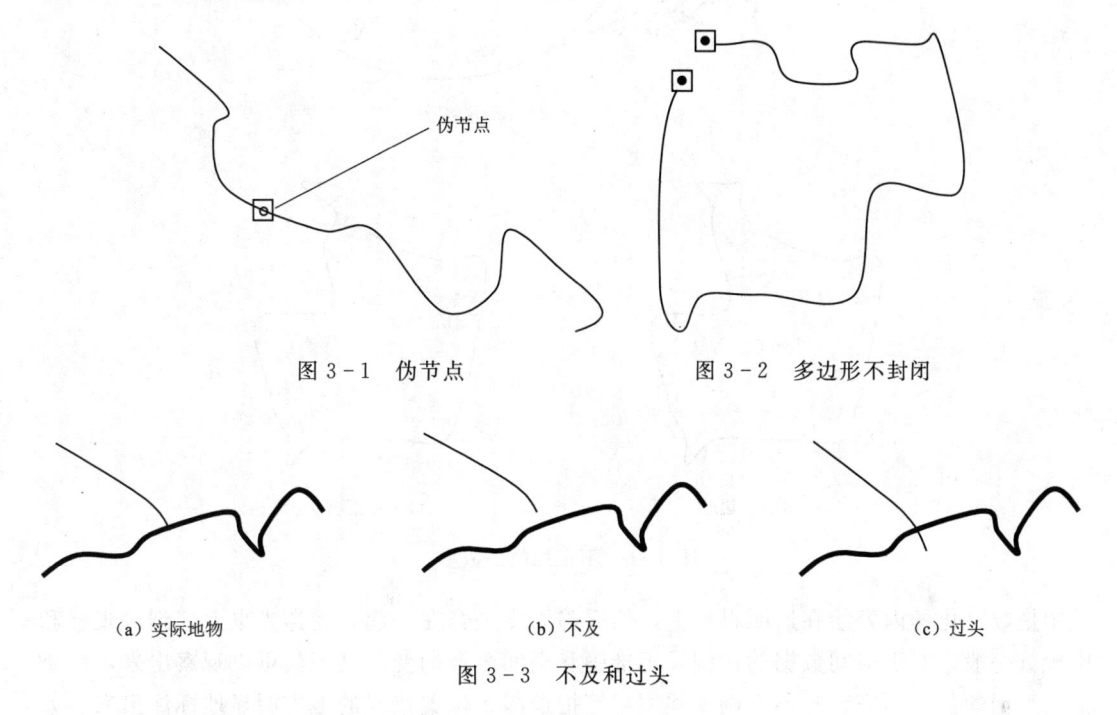

图 3-1 伪节点

图 3-2 多边形不封闭

(a) 实际地物　　　　(b) 不及　　　　(c) 过头

图 3-3 不及和过头

(3) "碎屑"多边形或"条带"多边形（sliver polygon）。"条带"多边形（图 3-5）一般由于重复录入引起，由于前后两次录入同一条线的位置不可能完全一致，造成了"碎屑"多边形。另外，由于用不同比例尺的地图进行数据更新，也可能产生"碎屑"多边形。

(4) 不正规的多边形（weird polygon）。不正规的多边形（图 3-6）是由于输入线时，点的次序倒置或者位置不准确引起的。在进行拓扑生成时，同样会产生"碎屑"多边形。

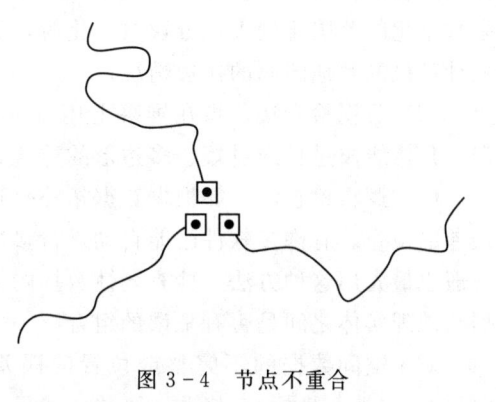

图 3-4 节点不重合

为发现并有效消除误差，一般采用如下方法进行检查：

(1) 叠合比较法，是空间数据数字化正确与否的最佳检核方法，按与原图相同的比例

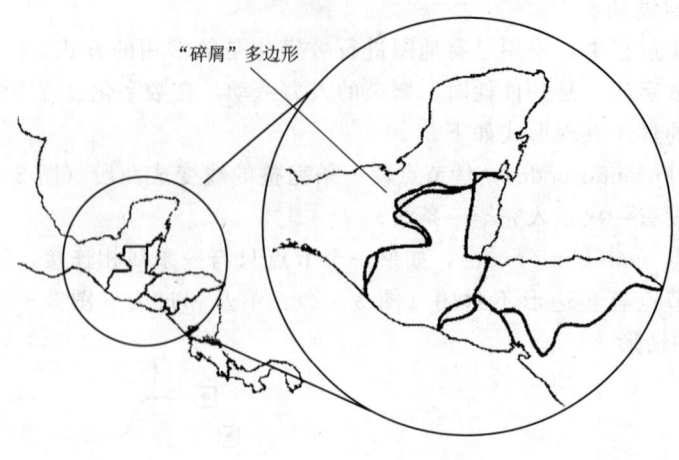

图 3-5 "碎屑"多边形

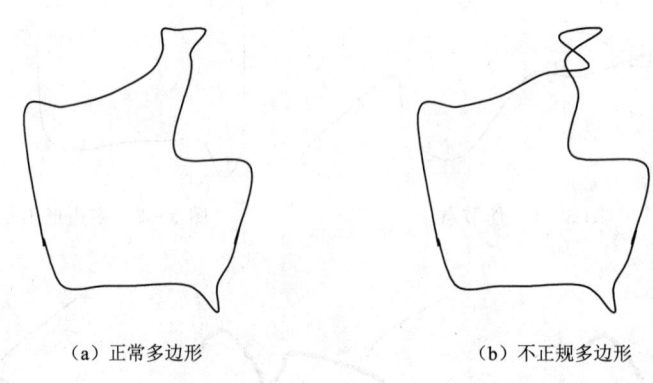

（a）正常多边形　　　　　　　　（b）不正规多边形

图 3-6 不正规的多边形

尺用把数字化的内容绘在透明材料上，然后与原图叠合在一起，在透光桌上仔细的观察和比较。一般，对于空间数据的比例尺不准确和空间数据的变形马上就可以观察出来，对于空间数据的位置不完整和不准确则须用粗笔把遗漏、位置错误的地方明显地标注出来。如果数字化的范围比较大，分块数字化时，除检核一幅（块）图内的差错外，还应检核已存入计算机的其他图幅的接边情况。

（2）目视检查法，指在屏幕上用目视检查的方法，检查一些明显的数字化误差与错误，包括线段过长或过短、多边形的重叠和裂口、线段的断裂等。

（3）逻辑检查法，如根据数据拓扑一致性进行检验，将弧段连成多边形，进行数字化误差的检查。有许多软件已能自动进行多边形结点的自动平差。另外，对属性数据的检查一般也最先用这种方法，检查属性数据的值是否超过其取值范围。属性数据之间或属性数据与地理实体之间是否有荒谬的组合。

对于空间数据的不完整或位置的误差，主要是利用 GIS 的图形编辑功能，如删除（目标、属性、坐标），修改（平移、拷贝、连接、分裂、合并、整饰），插入等进行处理。

二、属性数据编辑

属性数据是描述空间实体特征的数据集，这些数据主要用来描述实体要素的类别、级别等分类特征和其他质量特征。属性数据的内容有时直接记录在矢量或栅格数据文件中，有时则单独输入数据库存储为属性文件，通过关键码与图形数据相联系。

属性数据编辑包括两部分：①属性数据与空间数据是否正确关联，标识码是否唯一，不含空值；②属性数据是否准确，属性数据的值是否超过其取值范围等。

对属性数据进行校核很难，因为不准确性可能归结于许多因素，如观察错误、数据过时和数据输入错误，等等。属性数据错误检查可通过以下方法完成：

（1）首先可以利用逻辑检查，检查属性数据的值是否超过其取值范围，属性数据之间或属性数据与地理实体之间是否有荒谬的组合。在许多数字化软件中，这种检查通常使用程序来自动完成。例如有些软件可以自动进行多边形结点的自动平差，属性编码的自动查错等。

（2）把属性数据打印出来进行人工校对，这和用校核图来检查空间数据准确性相似。

对属性数据的输入与编辑，一般在属性数据处理模块中进行。但为了建立属性描述数据与几何图形的联系，通常需要在图形编辑系统中设计属性数据的编辑功能，主要是将一个实体的属性数据连接到相应的几何目标上，亦可在数字化及建立图形拓扑关系的同时或之后，对照一个几何目标直接输入属性数据。一个功能强大的图形编辑系统可提供删除、修改、拷贝属性等功能。

任务 3-2　拓 扑 关 系 建 立

拓扑表达的是对地理对象之间的相邻、包含、关联等空间关系。拓扑关系能清楚地反映实体之间的逻辑结构关系，它比几何数据有更大的稳定性，不随地图投影的变化而变化。

创建拓扑的优势在于：

（1）根据拓扑关系，不需要利用坐标或距离，就可以确定一种空间实体相对于另一种空间实体的位置关系。

（2）利用拓扑关系便于空间要素查询。

（3）可以根据拓扑关系重建地理实体，如根据弧段构建多边形、最佳路径的选择等。

在图形矢量化完成之后，对于大多数数字地图而言需要建立拓扑，这样可以避免两次记录相邻多边形的公共边界，减少了数据冗余，同时有利于地图的编辑和整饰。

一、拓扑处理对数据的要求

在建立拓扑关系的过程中，一些数字化输入过程中的错误需要被改正，否则，建立的拓扑关系将不能正确地反映地物之间的关系。

拓扑关系的建立是拓扑处理的核心，为了便于拓扑关系的建立，需要对数据进行预处理。当然前期工作做得比较好，后期的工作（如弧段编辑、剪断等）就可以省掉，建立拓扑也得心应手，基于这方面的原因，需做好以下几点：

（1）数字化或矢量化时，对结点处（几个弧段的相交处）应注意：一是使其断开；二是尽量采用抓线头或结点平差等软件功能使其吻合，避免产生较大的误差。使结点处尽量与实际相符，避免端点回折，不要产生超过1mm长的无用短线段。

(2) 面域必须由封闭的弧段组成。尽量避免不闭合多边形、伪结点、悬挂结点和"碎屑"多边形等的出现。

(3) 将原始数据（线数据）转为弧段数据，建立拓扑关系前，应将那些与拓扑无关的线或弧段删掉。

(4) 尽量避免多余重合的弧段产生。

(5) 进行拓扑查错。查错可以检查重叠坐标、悬挂弧段、弧段相交、重叠线段，结点不封闭等是严重影响拓扑关系建立的错误。去除所有拓扑错误。

二、拓扑关系的建立

一个拓扑关系存储了 3 个参数：规则、等级和拓扑容限。拓扑规则定义了拓扑的状态，控制了要素之间的相互作用，创建拓扑时必须指定至少一个拓扑规则；拓扑容差是当两个相邻近点的 X、Y、Z（Z 代表高程，如果要素携带高程信息）距离小于给定的限值时，两个点会聚合成为一个点，共享同一坐标；等级是控制在拓扑检验节点移动的等级，等级低的要素类向等级高的要素类移动。

在创建拓扑的过程中，需要指定要素类及其等级、拓扑容限和拓扑规则。

(1) 参加创建拓扑的所有要素类必须具有相同的空间参考。

(2) 拓扑容限是节点、边能够被捕捉到一起的距离范围，所设置的拓扑容限应该依据数据精度而尽量小。默认的拓扑容限值是根据数据的准确度和其他一些因素，由系统默认计算出来的。

(3) 拓扑规则可以为一个要素类中的要素定义，也可以为两个或两个以上要素类要素定义。常见的拓扑规则如下。

1）点之间的拓扑关系。

规则一：点必须在多边形边界上。

规则二：点要素必须位于线要素的端点上。

规则三：点要素必须在线要素之上。

规则四：点要素必须在多边形要素内，在边界上也不行。

2）线拓扑规则。

规则一：在同一层要素类中（同一层之间的关系），线与线不能相互重叠。

规则二：同一层要素中，线与线不能重叠和相交（同一层之间的关系）。

规则三：同一层中某个要素类中的线段必须被另一要素类中的线段覆盖（同一层之间的关系）。

规则四：两个线要素类中的线段不能重叠（不同图层中线对线的关系）。

规则五：线要素必须被多边形要素的边界覆盖（线与多边形之间的拓扑关系）。

规则六：不允许线要素有悬结点，即每一条线段的端点都不能孤立，必须和本要素中其他要素或和自身相接触（同一线层之间的拓扑关系）。

规则七：不能有伪结点，就是一条线段中间不能有断点。

规则八：线要素不能和自己重叠。

规则九：线要素不能自相交，就是不能和自己搅在一起。

规则十：线要素必须单独，不能联合。

规则十一：线和线不能交叉，端点不能和非端点接触（非接触点部分相互重叠是允许的），两条线相交时（两条线）必然有断点。

规则十二：线要素的端点被点要素覆盖。

3）面拓扑规则。

规则一：同一多边形要素类中多边形之间不能重叠（同一层之间的拓扑关系，不涉及到其他图层）。

规则二：多边形之间不能有空隙（同层之间的拓扑关系）。

规则三：一个要素类中的多边形不能与另一个要素类中的多边形重叠（两个不同面层之间的关系）。

规则四：多边形要素中的每一个多边形都被另一个要素类中的多边形覆盖（两个不同面层之间的拓扑关系）。

规则五：两个要素类中的多边形要相互覆盖，外边界要一致（层与层之间的拓扑关系）。

规则六：每个多边形要素都要被另一个要素类中的单个多边形覆盖。

规则七：多边形的边界必须和线要素的线段重合（面与线之间的关系）。

规则八：某个多边形要素类的边界线在另一个多边形要素类的边界上。

规则九：多边形内必须包含点要素（边界上的点不再多边形内）。

任务3-3 坐标系统与投影

GIS处理的是空间数据，而所有对空间数据的量算与分析都是基于某个坐标系统的，因此GIS中坐标系统的定义是GIS系统的基础，没有坐标系统的空间数据在生产应用过程中是毫无意义的，正确定义GIS系统的坐标系非常重要。

一、地球的形状与大小

地球自然表面是一个起伏不平、十分不规则的表面，有高山、丘陵和平原，又有江河湖海。地球表面约有71%的面积为海洋所占用，29%的面积是大陆与岛屿。陆地上最高点与海洋中最深处相差近20km。这个高低不平的表面无法用数学公式表达，也无法进行运算。所以在量测与制图时，必须找一个规则的曲面来代替地球的自然表面。当海洋静止时，它的自由水面必定与该面上各点的重力方向（铅垂线方向）成正交，把这个面称为水准面。但水准面有无数多个，其中有一个与静止的平均海水面相重合。可以设想这个静止的平均海水面穿过大陆和岛屿形成一个闭合的曲面，这就是大地水准面，如图3-7所示。

大地水准面所包围的形体为大地球体。由于地球体内部质量分布的不均匀，引起重力方向的变化，导致处处和重力方向成正交的大地水准面成为一个不规则的、仍然是不能用数学表达的曲面。大地水准面形状虽然十分复杂，但从整体来看，起伏是微小的。它是一个很接近于绕自转轴（短轴）旋转的椭球体。所以在测量和制图中就用旋转椭球来代替大地球体，这个旋转球体通常称地球椭球体，简称椭球体。

椭球体的大小通常用长半轴 a 和短半轴 b 来表示，或由一个半轴和扁率 α 来决定。扁

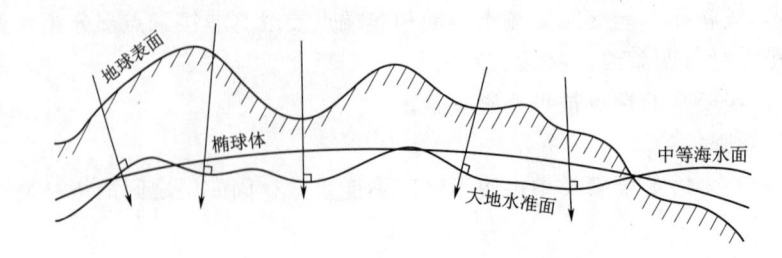

图 3-7 大地水准面示意图

率为椭球体的扁平程度，扁率 $\alpha=(a-b)/b$。

由于地球上不同地区地形起伏差异很大，难以用单一的地球椭球体很好的吻合所有地区的地表状况。一个多世纪以来，不同国家、地区先后采用了逼近本国或本地区地球表面的椭球体，引入了源于不同方法，适合不同地区，来自不同年代的地球椭球体，如美国的海福特椭球体（Hayford）、英国的克拉克椭球体（Clarke）、白塞尔椭球体（Bassel）和苏联的克拉索夫斯基椭球体等（表 3-1）。我国 1952 年以前采用海福特椭球体，1953 年开始采用克拉索夫斯基椭球体建立 1954 年北京坐标系，1978 年采用 1975 年国际大地测量和地球物理学联合会（IUGG）推荐的地球椭球体建立新的 1980 年西安坐标系。

表 3-1 各种椭球体模型数据

椭球体名称	年份	长半轴/m	短半轴/m	扁率
白塞尔（Bessel）	1841	6377397	6356079	1：299.15
克拉克（Clarke）	1866	6378206	6356584	1：295.0
克拉克（Clarke）	1880	6378249	6356515	1：293.5
海福特（Hayford）	1910	6378388	6356912	1：297
克拉索夫斯基（Krassowski）	1940	6378245	6356863	1：298.3
1975 年国际椭球体	1975	6378140	6356755	1：298.257
WGS-84	1984	6378137	6356752	1：298.26

二、地理坐标系和投影坐标系

1. 地理坐标系

地理坐标系是用于确定地物在地球上位置的坐标系。一个特定的地理坐标系是由一个特定的椭球体和一种特定的地图投影构成，其中椭球体是一种对地球形状的数学描述，而地图投影是将球面坐标转换成平面坐标的数学方法。绝大多数的地图都是遵照一种已知的地理坐标系来显示坐标数据。

最常用的地理坐标系是经纬度坐标系，这个坐标系可以确定地球上任何一点的位置，如果将地球看作一个球体，而经纬网就是加在地球表面的地理坐标参照系格网，经度和纬度是从地球中心对地球表面给定点量测得到的角度，经度是东西方向，而纬度是南北方向，经线从地球南北极穿过，而纬线是平行于赤道的环线，需要说明的是经纬度坐标系不是一种平面坐标系，因为度不是标准的长度单位，不可用其量测面积和长度。

经度和纬度都是一种角度。经度是个两面角，是两个经线平面的夹角。因所有经线都是一样长，为了度量经度选取一个起点面，经1884年国际会议协商，决定以通过英国伦敦近郊、泰晤士河南岸的格林尼治皇家天文台（旧址）的一台主要子午仪十字丝的那条经线为起始经线，称为本初子午线。本初子午线平面是起点面，终点面是本地经线平面。某一点的经度，就是该点所在的经线平面与本初子午线平面间的夹角，如图3-8所示。在赤道上度量，自本初子午线平面作为起点面，分别往东往西度量，往东量值称为东经度，往西量值称为西经度。

2. 投影坐标系

由于许多原因，没办法很方便地使用纬度和经度来描述地表的点集（也许这些点通过直线连接起来能够生成一条海岸线或一个国家的边界线）。其中一个原因是在使用纬度和经度时，计算两点之间的距离需要运用到像正弦和余弦这样的复杂运算。对于一个简单的距离计算而言，如果它们是在笛卡儿 $x-y$ 平面上，如图3-9所示，那么最大的障碍也不过是计算平方根而已。

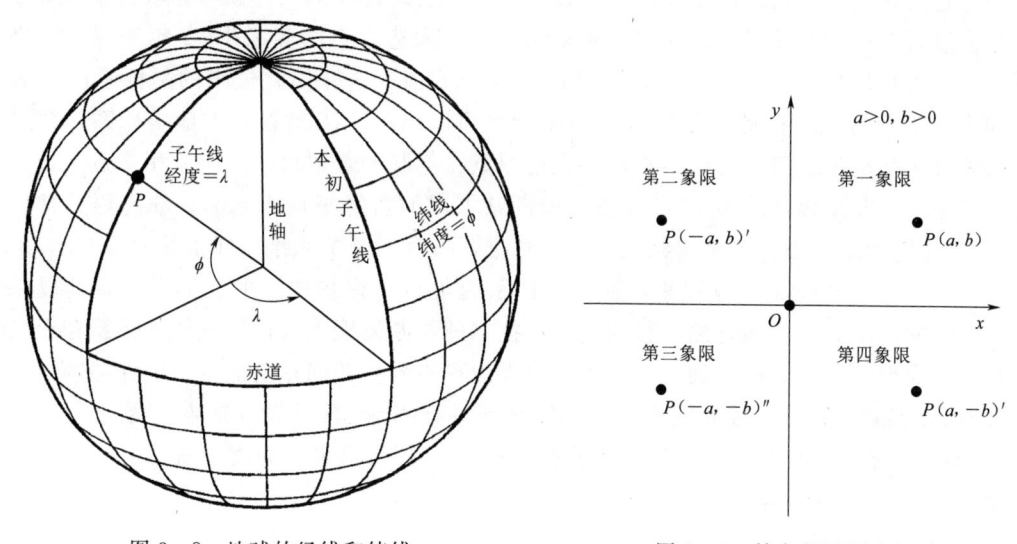

图3-8 地球的经线和纬线

图3-9 笛卡儿平面坐标系

对于相对较小的地方而言，使用数学方法将球面投影到一个平面上的方式为其计算和制图提供了一个很好的解决方案。地理投影可以被想象成这样一个过程，将一个光源放入一个刻有地球特征的透明地球仪中，然后将光投射到一张平整的纸上（或是一张仅向某一个方向弯曲的纸，但它可以撕开后铺平）。这些特征的影子（如线条或区域）将会呈现在纸上。在纸上使用笛卡尔坐标系的好处是易于计算并能让制作的地图更加真实。然而，任何一种投影过程都伴随着变形；许多地图上的点可能与它们的地面实际位置无法对应起来。在地图上显示的范围越大，这种变形程度就越高。当你将球面转为平面，把一个三维坐标系转换为一个二维坐标系时，其精度就会降低。

3. 坐标系的选择

地理坐标系的优点是只要你的测量技术允许，就可以精确地表示地表上的任意一点。这个系统本身并不会带来误差。地理坐标系的缺点是在计算两点之间距离或一个点集构成的范围面积时,你将遇到复杂而费时的几何运算。经纬度值直接绘制在使用笛卡尔坐标系的白纸上会出现扭曲变形。

笛卡尔平面投影坐标系的优点是计算两点之间的距离很简单,面积计算也相对容易些。当它覆盖的面积不是很大时,图形显示是很真实的。笛卡尔平面投影坐标系的缺点是几乎每个点的位置都有误差,虽然这些误差并不大。所有的投影都会带来误差。根据投影的不同,这些误差可能体现在距离、面积、形状或方向上。

三、中国大地坐标系

1. 1954年北京坐标系

1949年以后,我国大地测量进入了全面发展时期,在全国范围内开展了正规的、全面的大地测量和测图工作,迫切需要建立一个参心大地坐标系,故我国采用了苏联的克拉索夫斯基椭球参数,并与苏联1942年坐标系进行联测,通过计算建立了我国大地坐标系,定名为1954年北京坐标系。因此,1954年北京坐标系可以认为是苏联1942年坐标系的延伸。它的原点不在北京而是在苏联的普尔科沃。它是将我国一等锁与苏联远东一等锁相连接,然后以连接处呼玛、吉拉宁、东宁基线网扩大边端点的苏联1942年普尔科沃坐标系的坐标为起算数据,平差我国东北及东部区一等锁,这样传算过来的坐标系就定名为1954年北京坐标系。因此,1954年北京坐标系可归结为:①属参心大地坐标系;②采用克拉索夫斯基椭球的两个几何参数;③大地原点在苏联的普尔科沃;④采用多点定位法进行椭球定位;⑤高程基准为1956年青岛验潮站求出的黄海平均海水面;⑥高程异常以苏联1955年大地水准面重新平差结果为起算数据,按我国天文水准路线推算而得。

1954年北京坐标系建立以来,在该坐标系内进行了许多地区的局部平差,其成果得到了广泛的应用。但是随着测绘新理论、新技术的不断发展,人们发现该坐标系存在椭球参数有较大误差、参考椭球面与我国大地水准面存在着自西向东明显的系统性的倾斜、几何大地测量和物理大地测量应用的参考面不统一和定向不明确等缺点。为此,我国在1978年在西安召开了"全国天文大地网整体平差会议",提出建立属于我国自己的大地坐标系,即后来的1980年西安坐标系。

2. 1980年西安坐标系

1978年4月在西安召开全国天文大地网平差会议,确定重新定位,建立我国新的坐标系,为此有了1980年国家大地坐标系。1980年国家大地坐标系采用地球椭球基本参数为1975年国际大地测量与地球物理联合会第十六届大会推荐的数据。该坐标系的大地原点设在我国中部的陕西省泾阳县永乐镇,位于西安市西北方向约60km,故称1980年西安坐标系,又简称西安大地原点(图3-10)。基准面采用青岛大港验潮站1952—1979年确定的黄海平均海水面,即1985国家高程基准(图3-11)。

1980年西安坐标系是为了进行全国天文大地网整体平差而建立的。根据椭球定位的基本原理,在建立1980年西安坐标系时有以下先决条件:①大地原点在我国中部,具体地点是陕西省泾阳县永乐镇。②1980年西安坐标系是参心坐标系,椭球短轴Z轴平行于地球质心指向地极原点方向,大地起始子午面平行于格林尼治平均天文台子午面;X轴在大地起始子午面内与Z轴垂直指向经度0方向;Y轴与Z轴、X轴成右手坐标系。③椭球参数采用IUGG1975年大会推荐的参数,因而可得1980年西安坐标系椭球两个最

图 3-10 1980 年西安坐标系大地原点

常用的几何参数为：长半轴 $a=6378140\pm5$ (m)；扁率 $f=1/298.257$，椭球定位时按我国范围内高程异常值平方和最小为原则求解参数。④多点定位。⑤大地高程以 1956 年青岛验潮站求出的黄海平均水面为基准。

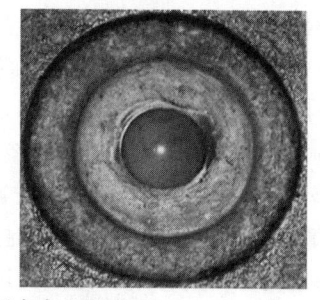

图 3-11 1985 国家高程基准

3. 2000 国家大地坐标系 (China Geodetic Coordinate System 2000，CGCS2000)

1954 年北京坐标系和 1980 年西安坐标系，在我国经济建设、国防建设和科学研究中发挥了巨大的作用。限于当时的技术条件，这两个坐标系都是依赖于传统技术手段在地表观测形成，其原点亦均选在地表并严加看护，仅限用于区域性的定位研究，成果精度偏低、无法满足新时期大地测绘的要求。随着航空航天事业的发展，及空间技术的成熟与广泛应用，1954 年北京坐标系和 1980 年西安坐标系在成果精度和适用范围越来越难满足国家需求。2000国家大地坐标系，作为一个高精度的、以地球质量中心为原点、动态、实用、统一的大地坐标系应运而生。

历经多年，中国测绘、地震部门和中国科学院有关单位为建立新一代大地坐标系做了大量工作，20世纪末先后建成国家GPS A、B级网，全国GPS一、二级网，中国地壳运动观测网和许多地壳形变网，为地心大地坐标系的实现奠定了较好的基础。中国大地坐标系更新换代的条件也已具备，2008年4月，国务院批准自2008年7月1日起，启用2000国家大地坐标系。新坐标系实现了由地表原点到地心原点、由二维到三维、由低精度到高精度的转变，更加适应现代空间技术发展趋势；满足我国北斗全球定位系统、全球航天遥感、海洋监测及地方性测绘服务等对确定一个与国际衔接的全球性三维大地坐标参考基准的迫切需求。

2000国家大地坐标系是全球地心坐标系在我国的具体体现，其原点为包括海洋和大气的整个地球的质量中心。Z轴指向BIH1984.0定义的协议极地方向（BIH国际时间局），X轴指向BIH1984.0定义的零子午面与协议赤道的交点，Y轴按右手坐标系确定。2000国家大地坐标系采用的地球椭球参数如下：

长半轴 $a=6378137$ m

扁率 $f=1/298.257222101$

地心引力常数 $GM=3.986004418\times10^{14}$ m^3/s^2

自转角速度 $\omega=7.292115\times10^{-5}$ rad/s

短半轴 $b=6356752.31414$ m

极曲率半径 $=6399593.62586$ m

第一偏心率 $e=0.0818191910428$

我国采用2000国家大地坐标系，对满足国民经济建设、社会发展、国防建设和科学研究的需求，有着十分重要的意义。

采用2000国家大地坐标系具有科学意义，随着经济发展和社会的进步，中国航天、海洋、地震、气象、水利、建设、规划、地质调查、国土资源管理等领域的科学研究需要一个以全球参考基准为背景的、全国统一的、协调一致的坐标系统，来处理国家、区域、海洋与全球化的资源、环境、社会和信息等问题，需要采用定义更加科学、原点位于地球质量中心的三维国家大地坐标系。

采用2000国家大地坐标系可对国民经济建设、社会发展产生巨大的社会效益。采用2000国家大地坐标系，有利于应用于防灾减灾、公共应急与预警系统的建设和维护。

采用2000国家大地坐标系将进一步促进遥感技术在中国的广泛应用，发挥其在资源和生态环境动态监测方面的作用。比如汶川大地震发生后，以国内外遥感卫星等科学手段为抗震救灾分析及救援提供了大量的基础信息，显示出科技抗震救灾的威力，而这些遥感卫星资料都是基于地心坐标系。

采用2000国家大地坐标系也是保障交通运输、航海等安全的需要。车载、船载实时定位获取的精确的三维坐标，能够准确地反映其精确地理位置，配以导航地图，可以实时确定位置、选择最佳路径、避让障碍，保障交通安全。随着中国航空运营能力的不断提高和港口吞吐量的迅速增加，采用2000国家大地坐标系可保障航空和航海的安全。

卫星导航技术与通信、遥感和电子消费产品不断融合，将会创造出更多新产品和新服务，市场前景更为看好。现已有一批企业进入到相关制造及运营服务业，并可望在近期形成较大规模的新兴高技术产业。卫星导航系统与 GIS 的结合使得计算机信息为基础的智能导航技术，如车载 GPS 导航系统和移动目标定位系统应运而生。移动手持设备如移动电话和 PDA 已经有了非常广泛的使用。

四、地图投影

地球椭球体表面是曲面，而地图通常要绘制在平面图纸上，因此制图时首先要把曲面展为平面。然而球面是个不可展的曲面，换句话说，就是把它直接展为平面时，不可能不发生破裂或皱纹。若用这种具有破裂或褶皱的平面绘制地图，显然是不实用的，所以必须采用特殊的方法将曲面展开，使其成为没有破裂或褶皱的平面，于是就出现了地图投影。

地图投影（Map Projection），是把地球表面的任意点，利用一定数学法则，转换到地图平面上的理论和方法。地图投影的使用保证了空间信息从地理坐标变换为平面坐标后能够保持在地域上的连续性和完整性。

GIS 以地图方式显示地理信息。地图是平面，而地理信息则是在地球椭球上，因此地图投影在 GIS 中不可缺少。

我国现行的大于及等于 1∶50 万比例尺的各种地形图都采用高斯投影，简称高斯投影。

1. 高斯投影

高斯投影，是一种"等角横切圆柱投影"。德国数学家、物理学家、天文学家高斯（Carl Friedrich Gauss，1777—1855）于 19 世纪 20 年代拟定，后经德国大地测量学家克吕格（Johannes Kruger，1857—1928）于 1912 年对投影公式加以补充，故名。设想用一个圆柱横切于球面上投影带的中央经线，按照投影带中央经线投影为直线且长度不变和赤道投影为直线的条件，将中央经线两侧一定经差范围内的球面正形投影于圆柱面。然后将圆柱面沿过南北极的母线剪开展平，即可得到高斯投影平面，如图 3-12 所示。高斯投影后，除中央经线和赤道为直线外，其他经线均为对称于中央经线的曲线。高斯投影没有角度变形，在长度和面积上变形也很小，中央经线无变形，自中央经线向投影带边缘，变形逐渐增加，变形最大处在投影带内赤道的两端。由于其投影精度高，变形小，而且计算简便（各投影带坐标一致，只要算出一个带的数据，其他各带都能应用），因此在大比例尺地形图中应用，可以满足军事上各种需要，并能在图上进行精确的量测计算。

按一定经差将地球椭球面划分成若干投影带，这是高斯投影中限制长度变形的最有效方法。分带时既要控制长度变形使其不大于测图误差，又要使带数不致过多以减少换带计算工作，据此原则将地球椭球面沿子午线划分成经差相等的瓜瓣形地带，以便分带投影。通常按经差 6°（用于 1∶2.5 万 ～1∶50 万比例尺地图）或 3°（用于大于 1∶1 万比例尺地图）分为 6 度带或 3 度带，如图 3-13 所示。6 度带自 0°子午线起每隔经差 6°自西向东分带，带号依次编为第 1、2、……、60 带。3 度带是在 6 度带的基础上分成的，它的中央子午线与 6 度带的中央子午线和分带子午线重合，即自 1.5°子午线起每隔经差 3°自西向东分带，带号依次编为 3 度带第 1、2、……、120 带。我国的经度范围西起 73°东至 135°，可分成 6 度带 11 个，各带中央经线依次为 75°、81°、87°、……、117°、123°、129°、135°，或 3 度带 22 个。高斯投影分带示意图见图 3-13 所示。

高斯投影是按分带方法各自进行投影，故各带坐标成独立系统。以中央经线投影为纵

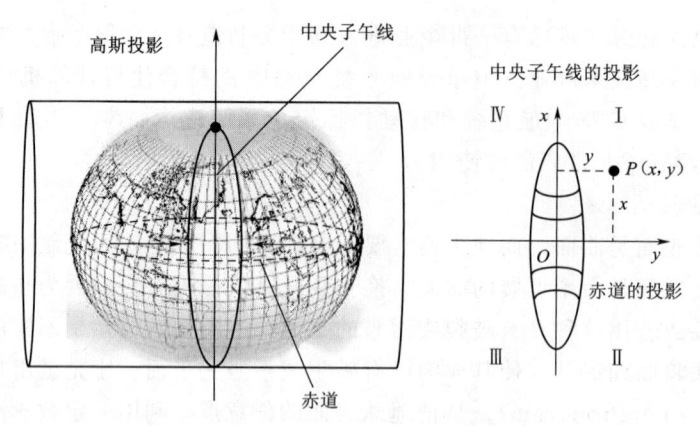

图 3-12 高斯投影示意图

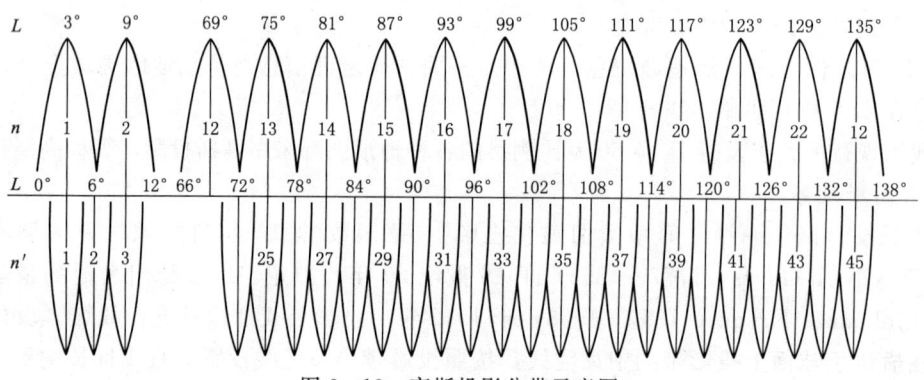

图 3-13 高斯投影分带示意图

轴（x），赤道投影为横轴（y），两轴交点即为各带的坐标原点。纵坐标以赤道为零起算，赤道以北为正，以南为负。我国位于北半球，纵坐标均为正值。横坐标如以中央经线为零起算，中央经线以东为正，以西为负，横坐标出现负值，使用不便，故规定将坐标纵轴西移 500km 当作起始轴，凡是带内的横坐标值均加 500km。由于高斯投影每一个投影带的坐标都是对本带坐标原点的相对值，所以各带的坐标完全相同，为了区别某一坐标系统属于哪一带，在横轴坐标前加上带号。

2. GIS 中地图投影的选择

由于不同的地图资料根据用途和需要的不同往往采用不同的投影方式，不同的投影方法具有不同性质和投影变形，因此在 GIS 建立过程中，需要以共同的地理坐标系统和直角坐标系统作为参照系统存储各种信息，才能保证 GIS 系统数据的交换、配准和共享，使 GIS 空间分析和应用功能得以实现。

选择地图投影时，需要综合考虑多种因素及其相互影响。

（1）制图区域形状和地理位置。根据制图区域的轮廓形状选择投影时，有一条基本的原则，即投影的无变形点或线应位于制图区域的中心位置，等变形线尽量与制图区域轮廓的形状一致，从而保证制图区域的变形分布均匀。因此，近似圆形的地区宜采用方位投影；中纬度东西方向伸展的地区，如中国和美国等，宜采用正轴圆锥投影；赤道附近东西方向伸展的地区，宜采用正轴圆柱投影；南北方向延伸的地区，如南美洲的智利和阿根廷，一般采用横轴圆柱投影和多圆锥投影。

由此可见，制图区域的地理位置和形状，在很大程度上决定了所选地图投影的类型。

（2）制图区域的范围。制图区域范围的大小也影响到地图投影的选择。当制图区域范围不太大时，无论选择什么投影，投影变形的空间分布差异也不会太大。对于大国地图、大洲地图、半球地图、世界地图这样的大范围地图而言，可使用的地图投影很多。但是，由于区域较大，投影变形明显，因此，在这种情况下，投影选择的主导因素区域的地理位置、地图的用途等，这也从另外一个方面说明，地图投影的选择必须考虑多种因素的综合影响。

（3）地图的内容和用途。地图表示什么内容，用于解决什么问题，关系到选用哪种投影。航空、航海、天气、洋流和军事等方面的地图，要求方位正确、小区域的图形能与实地相似，因此需要采用等角投影。行政区划、自然或经济区划、人口密度、土地利用、农业等方面的地图，要求面积正确，以便在地图上进行面积方面的对比分析和研究，需要采用等积投影。有些地图要求各种变形都不太大，如教学地图、宣传地图等，应采用任意投影。又如等距方位投影从中心至各方向的任一点，具有保持方位角和距离都正确的特点，因此对于城市防空、雷达站、地震观测站等方面的地图，具有重要意义。

（4）出版方式。地图在出版方式上，有单幅地图、系列图和地图集之分。

单幅地图的投影选择比较简单，只需考虑上述的几个因素即可。

对于系列地图来说，虽然表现内容较多，但由于性质接近，通常需要选择同一种类型和变形性质的投影，以利于对相关图幅进行对比分析。

就地图集而言，投影的选择是一件比较复杂的事情。由于地图集是一个统一协调的整体，因此投影的选择应该自成体系，尽量采用同一系统的投影。但不同的图组之间在投影的选择上又不能千篇一律，必须结合具体内容予以考虑。

任务3-4 图幅拼接

在相邻图幅的边缘部分，由于原图本身的数字化误差，使得同一实体的线段或弧段的坐标数据不能相互衔接，或是由于坐标系统、编码方式等不统一，需进行图幅数据边缘匹配处理。

图幅的拼接总是在相邻两图幅之间进行的，如图3-14所示。

要将相邻两图幅之间的数据集中起来，就要求相同实体的线段或弧的坐标数据相互衔接，也要求同一实体的属性码相同，因此必须进行图幅数据边缘匹配处理。具体步骤如下。

1. 逻辑一致性的处理

由于人工操作的失误，两个相邻图幅的空间数据库在接合处可能出现逻辑裂

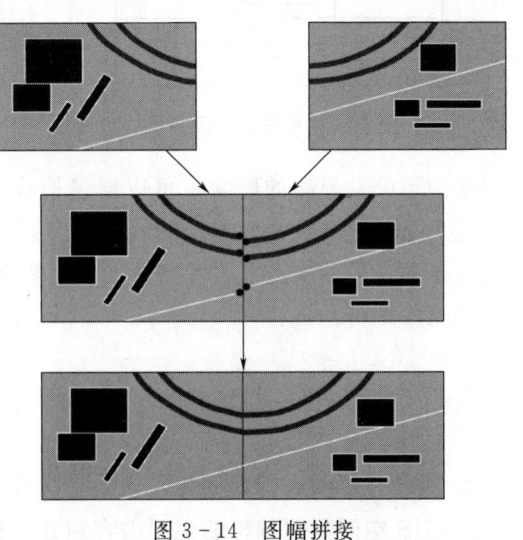

图3-14 图幅拼接

隙，如一个多边形在一幅图层中具有属性 A，而在另一幅图层中属性为 B。此时，必须使用交互编辑的方法，使两相邻图斑的属性相同，取得逻辑一致性。

2. 识别和检索相邻图幅

将待拼接的图幅数据按图幅进行编号，编号有 2 位，其中十位数指示图幅的横向顺序，个位数指示纵向顺序，如图 3-15 所示，并记录图幅的长宽标准尺寸。因此，当进行横向图幅拼接时，总是将十位数编号相同的图幅数据收集在一起；进行纵向图幅拼接时，是将个位数编号相同的图幅数据收集在一起。其次，图幅数据的边缘匹配处理主要是针对跨越相邻图幅的线段或弧而言的。为了减少数据容量，提高处理速度，一般只提取图幅边界 2cm 范围内的数据作为匹配和处理的目标。同时要求图幅内空间实体的坐标数据已经进行过投影转换。

3. 相邻图幅边界点坐标数据的匹配

相邻图幅边界点坐标数据的匹配采用追踪拼接法。只要符合下列条件，两条线段或弧段即可匹配衔接：相邻图幅边界两条线段或弧段的左右码各自相同或相反；相邻图幅同名边界点坐标在某一允许值范围内（如±0.5mm）。

匹配衔接时是以一条弧或线段作为处理的单元，因此，当边界点位于两个结点之间时，需分别取出相关的两个结点，然后按照结点之间线段方向一致性的原则进行数据的记录和存储。

4. 相同属性多边形公共边界的删除

当图幅内图形数据完成拼接后，相邻图斑会有相同属性。此时，应将相同属性的两个或多个相邻图斑组合成一个图斑，即消除公共边界，并对共同属性进行合并，如图 3-16 所示。

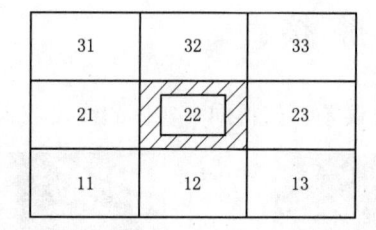

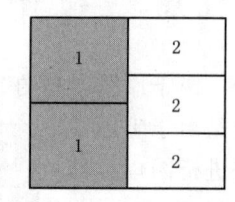

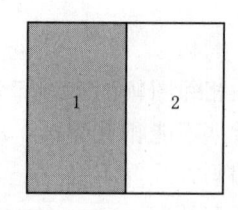

图 3-15　图幅编号及图幅边缘数据提取范围　　图 3-16　相同属性多边形公共边界的删除

多边形公共界线的删除，可以通过构成每一面域的线段坐标链，删去其中共同的线段，然后重新建立合并多边形的线段链表。

对于多边形的属性表，除多边形的面积和周长需重新计算外，其余属性保留其中之一图斑的属性即可。

复 习 思 考 题

1. 对已有地图进行数字化，在数字化过程中的错误有哪些？
2. GIS 空间数据编辑的主要内容和方法有哪些？

复习思考题

3. 多边形的拓扑规则有哪些？
4. 为什么要进行图幅拼接？如何实现图幅拼接？
5. GIS 系统中，为什么需要做栅格数据和矢量数据之间的转换？
6. 什么是数据处理？数据处理有什么意义？
7. 何谓矢量结构？有哪些特点？
8. 何谓栅格结构？有哪些特点？
9. 空间数据插值方法有哪些？
10. 什么是空间数据结构？有哪几种数据结构？
11. 数字化地图为什么要对要素进行分层？
12. 如何发现进入 GIS 中的数据有错误？

模块四

空 间 分 析

模块概述

　　空间分析是在一系列空间算法的支持下，以地学原理为依托，根据地理对象在空间中的分布特征，获取地理现象或地理实体的空间位置、空间形态、空间关系、时空演变和空间相互作用等信息并预测其未来发展趋势的分析技术，其目的是探求空间对象之间的空间关系，并从中发现规律，解决地理空间的实际问题，为综合分析和辅助决策提供重要依据。

学习目标

　　1.知识目标
　　(1) 掌握空间数据查询方法。
　　(2) 掌握空间数据缓冲区分析和叠置分析方法。
　　(3) 掌握数字高程模型的建立与分析方法。
　　2.技能目标
　　(1) 能利用GIS软件进行各种信息查询。
　　(2) 能进行空间数据缓冲区分析和叠置分析。
　　(3) 能进行数字高程模型的建立与分析。
　　3.态度目标
　　(1) 具有吃苦耐劳精神和勤俭节约作风。
　　(2) 具有爱岗敬业的职业精神。
　　(3) 具有良好的职业道德和团结协作能力。
　　(4) 具有独立思考解决问题的能力。

思政导读

中国红色景点的分布特征

　　中国红色景点的分布特征主要有以下3点：
　　(1) 集中分布：红色旅游景点在全国范围内呈现出一定的集中分布特点。其中，华东、西北、华北地区的红色旅游景点数量较多，形成了以井冈山、延安、西柏坡为代表的革命圣地。
　　(2) 区域特色：各地的红色旅游景点具有明显的地域特色。例如，华东地区的红色旅游景点主要集中在江苏、浙江等地,涵盖了新四军的革命历史。

(3) 地理分区:在省域尺度上分布不均,主要集中在川、闽、陕、赣、鄂、皖、豫、晋、湘、苏10个省。

在中国,红色旅游景点不仅分布广泛,而且具有丰富的思政元素。这些景点包括革命烈士陵园、革命纪念馆、红军长征纪念馆等,这些景点通过展示革命历史、革命事迹和革命精神,不仅让人们了解历史,更让人们感受到中国共产党领导人民进行革命斗争的伟大历程。

在红色景点中,思政元素也是无处不在的。这些元素包括中国共产党的革命精神、革命传统、革命文化、革命历史等,也包括中国人民的爱国主义精神、奋斗精神、创新精神和开放精神等。这些思政元素不仅让人们了解历史,更让人们感受到中国共产党的伟大领导力,感受到中国人民的伟大奋斗精神。

红色景点的分布,这些景点和元素的存在,也为我们提供了宝贵的历史遗产和精神财富,让我们更好地认识和了解中国共产党的领导和中国人民的奋斗历程。

任务4-1 空 间 查 询

查询和定位空间对象,并对空间对象进行量算是地理信息系统的基本功能之一,它是地理信息系统进行高层次分析的基础。在地理信息系统中,为进行高层次分析,往往需要查询定位空间对象,并用一些简单的量测值对地理分布或现象进行描述,如长度、面积、距离、形状等。

图形与属性互查是最常用的查询,主要有两类:第一类是按属性信息的要求来查询定位空间位置,称为"属性查图形"。如在中国行政区划图上查询人口大于4000万且城市人口大于1000万的省有哪些,这和一般非空间的关系数据库的结构化查询语言(structured query language,SQL)查询没有区别,查询到结果后,再利用图形和属性的对应关系,进一步在图上用指定的显示方式将结果定位绘出。第二类是根据对象的空间位置查询有关属性信息,称为"图形查属性"。如一般地理信息系统软件都提供一个"INFO"工具,让用户利用光标,用点选、画线、矩形、圆、不规则多边形等工具选中地物,并显示出所查询对象的属性列表,可进行有关统计分析。该查询通常分为两步,首先借助空间索引,在地理信息系统数据库中快速检索出被选空间实体;然后根据空间实体与属性的连接关系即可得到所查询空间实体的属性列表。

在大多数GIS软件中,提供的空间查询方式以下几种。

一、基于空间关系查询

空间实体间存在着多种空间关系,包括拓扑、顺序、距离、方位等关系。通过空间关系查询和定位空间实体是地理信息系统不同于一般数据库系统的功能之一。如查询满足下列条件的城市:①在京沪线的东部;②距离京沪线不超过50km;③城市人口大于100万;④城市选择区域是特定的多边形。

整个查询计算涉及了空间顺序方位关系(京沪线东部),空间距离关系(距离京沪线不超过50km),空间拓扑关系(使选择区域是特定的多边形),甚至还有属性信息查询

(城市人口大于 100 万)。

面、线、点之间相互关系的查询包括以下几种：

(1) 面面查询：包括邻接关系、重叠关系和包含关系等的查询，如与某个多边形相邻的多边形有哪些。

(2) 面线查询：包括邻接关系、交叉关系和包含关系等的查询，如某个多边形的边界有哪些线。

(3) 面点查询：包括邻接关系和包含关系等的查询，如某个多边形内有哪些点状地物。

(4) 线面查询：包括邻接关系和包含关系等的查询，如某条线经过（穿过）的多边形有哪些，某条链的左右多边形是哪些。

(5) 线线查询：包括邻接关系、重叠关系、交叉关系和包含关系等的查询，如与某条河流相连的支流有哪些，某条道路跨过哪些河流。

(6) 线点查询：包括邻接关系和包含关系等的查询，如某条道路上有哪些桥梁，某条输电线上有哪些变电站。

(7) 点面查询：包括邻接关系和包含关系等的查询，如某个点落在哪个多边形内。

(8) 点线查询：包括邻接关系和包含关系等的查询，如某个节点由哪些线相交而成。

二、基于属性数据的查询

GIS 中基于属性数据的查询包括两个方面的内容：由地物目标的某种属性数据（或者属性集合）查询该目标的其他属性信息；由地物目标的属性信息查询其对应的图形信息。

目前 GIS 的地物属性数据库大多是以传统的关系数据库为基础的，因此基于属性的 GIS 查询可以通过关系数据库的 SQL 语言进行查询。一般来说，地物的图形数据和属性数据是分开存贮的，图形和属性之间通过目标的 ID 码进行关联，通过 SQL 语言操作数据库进行查询。

三、图形属性混合查询

GIS 中的查询往往不仅仅是单一的图形或者属性信息查询，而是包含了两者的混合查询。混合查询中有两个方面是比较重要的，一是查询条件的分离，一是查询的优化。对于多条件的混合查询，查询的条件要分离为对图形和属性的查询，在相应的图形数据和属性数据库中查询，结果为二者的交集。查询优化在多条件查询情况下可以通过调整查询顺序来提高查询的执行效率。

四、地址匹配查询

根据街道的地址来查询事物的空间位置和属性信息是地理信息系统特有的一种查询功能，这种查询利用地理编码，输入街道的门牌号码，就可知道大致的位置和所在的街区。它对空间分布的社会、经济调查和统计很有帮助，只要在调查表中添了地址，地理信息系统可以自动地从空间位置的角度来统计分析各种经济社会调查资料。另外这种查询也经常用于公用事业管理，事故分析等方面，如邮政、通信、供水、供电、治安、消防、医疗等领域。

任务4-2 缓冲区分析

空间对象在一定半径或一定条件下的邻域称之为缓冲区。缓冲区分析是指以点、线、面实体为基础，自动建立其周围一定宽度范围内的缓冲区多边形图层，然后建立该图层与目标图层的叠加，进行分析而得到所需结果。它是用来解决邻近度问题的空间分析工具之一。

一、缓冲区的类型

1. 点的缓冲区

基于点要素的缓冲区，可以是圆形、三角形、矩形或者环形。通常是以点为圆心、以一定距离为半径的圆，如图4-1所示。

（a）单点缓冲区　　　　（b）多点缓冲区　　　　（c）点变距缓冲区

图4-1　点缓冲区

2. 线的缓冲区

基于线要素的缓冲区，可以是线的单侧、双侧对称或双侧不对称区域。通常是以线为中心轴线，距中心轴线一定距离的平行条带多边形，如图4-2所示。

（a）单线缓冲区　　　　（b）多线缓冲区　　　　（c）线变距缓冲区

图4-2　线缓冲区

3. 面的缓冲区

基于面要素多边形边界的缓冲区，通常是指向外或向内扩展一定距离以生成新的多边形，如图4-3所示。

（a）单面缓冲区　　　　（b）多面缓冲区　　　　（c）面变距缓冲区

图4-3　面缓冲区

4. 多重缓冲区

在建立缓冲区时，缓冲区的宽度也就是邻域的半径并不一定是相同的，可以根据要素的不同属性特征，规定不同的邻域半径，以形成可变宽度的缓冲区。例如，沿河流绘出的环境敏感区的宽度应根据河流的类型而定。这样就可根据河流属性表，确定不同类型的河流所对应的缓冲区宽度，以产生所需的缓冲区，如图4-4所示。

河流识别码	属性类型	缓冲区宽度
1	3	1200
2	2	800
3	2	800
4	1	0
5	1	0
6	1	0
7	1	0

（a）要素及其属性表

（b）依据属性值进行缓冲

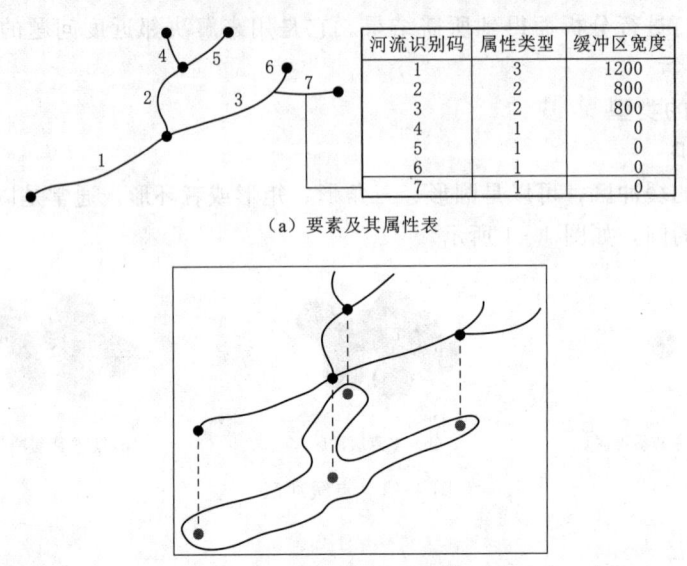

图4-4 多重缓冲区

二、缓冲区的建立

1. 点缓冲区的建立

点缓冲区的建立从原理上来说相当地简单，即建立以点状要素为圆心、以缓冲区距离为半径绘制圆即可，其算法的关键是确定点状要素为中心的圆周。若要将多个点缓冲区合并，则可采用圆弧弥合的方法：将圆心角等分，用等长的弧代替圆弧，即用均与步长的直线段逼近圆弧，如图4-5所示。

2. 线缓冲区的建立

线缓冲区的建立比较复杂：先生成缓冲区边界，然后对可能出现的尖角和凹陷等特殊情况做进一步的处理，最后进行自相交处理以区别缓冲区的外边界和岛边界。缓冲区计算的基本问题是双线问题，主要有角平分线法和凸角圆弧法。

（1）角平分线法。角平分线法的基本思想是：在轴线首尾处作轴线的垂线，按缓冲区半径 R 截出左右边线的起止点并对轴线作其平行

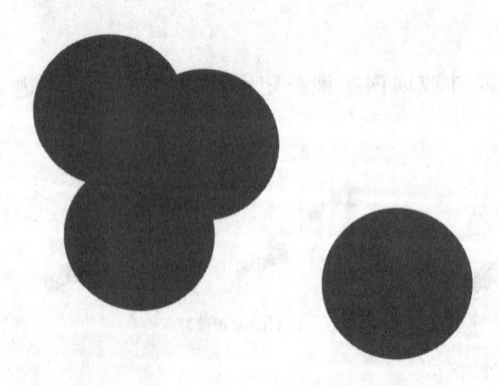

图4-5 基于点的缓冲区实现

线；在轴线的其他转折点上，用与该线所关联的两邻线段的平行线的交点来生成缓冲区对应顶点，如图 4-6 所示。

角分线法的缺点是难以最大限度保证双线的等宽性，尤其是在凸侧角点在进一步变锐时，将远离轴线顶点。当缓冲区半径不变时，d 随张角 B 的减小而增大，结果在尖角处双线之间的宽度遭到破坏。因此，为克服角分线法的缺点，要有相应的补充判别方案，用于校正所出现的异常情况。但由于异常情况不胜枚举，导致校正措施复杂。

（2）凸角圆弧法。在轴线首尾点处，作轴线的垂线并按双线和缓冲区半径截出左右边线起止点；在轴线其他转折点处，首先判断该点的凸凹性，在凸侧用圆弧弥合，在凹侧则用前后两邻边平行线的交点生成对应顶点。这样外角以圆弧连接，内角直接连接，线段端点以半圆封闭，如图 4-7 所示。

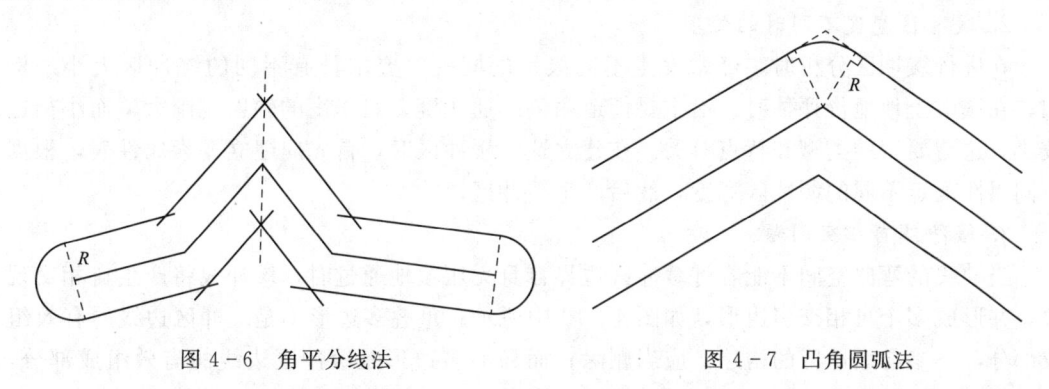

图 4-6 角平分线法　　　　　图 4-7 凸角圆弧法

在凹侧平行边线相交在角分线上。凸角圆弧法最大限度地保证了平行曲线的等宽性，避免了角分线法的众多异常情况。

3. 面缓冲区的建立

面目标可视为由边界线目标围绕而成，面目标缓冲区生成的基本思路与线目标缓冲区生成的算法基本相同。以面要素的边界为轴线，以缓冲距离 R 向内或向外扩展一定的距离，形成面要素的缓冲区多边形，分别为内侧（负）缓冲区和外侧（正）缓冲区，如图 4-8 所示。面状目标的缓冲区宽度可以不一样，甚至同一面状目标内外侧的缓冲区宽度也可不一样。

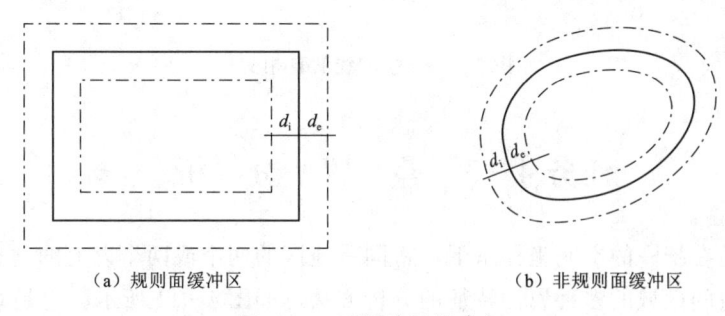

（a）规则面缓冲区　　　　　（b）非规则面缓冲区

图 4-8 面缓冲区的建立

三、特殊情况缓冲区的处理

1. 缓冲区重叠问题的处理

对于不同目标的缓冲区之间的重叠，首先要通过拓扑分析方法自动识别出重叠的线段，然后删除，最后得到处理后的相互连通的缓冲区。如图4-9所示。

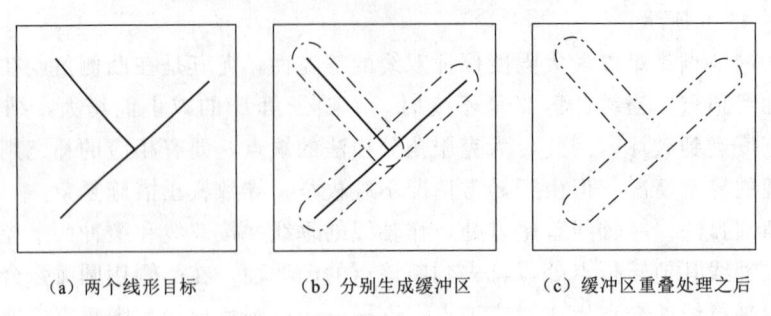

(a) 两个线形目标　　　　(b) 分别生成缓冲区　　　　(c) 缓冲区重叠处理之后

图4-9　缓冲区重叠的处理

2. 缓冲区宽度不同时的处理

在进行缓冲区分析时，经常发生不同级别的同一类要求具有不同的缓冲区大小。例如，在城市土地地价评估时，沿主要街道两侧的通达度、繁华度的辐射范围大，而小街道较小，这与要素的类型和特点有关。在建立这种缓冲区时，首先应建立要素属性表，根据不同属性确定不同的缓冲区宽度，然后产生缓冲区。

3. 缓冲线自相交问题

当轴线的弯曲空间不能容许缓冲区边界自身无压覆地通过时，缓冲线将产生自相交现象，并形成多个自相交多边形，如图4-10中所示。重叠多边形不是缓冲区边线的有效组成部分，不参与缓冲区的构建，应当删除；而岛屿多边形是缓冲区边线的有效组成部分，应予保留。最终绘制缓冲区边界线，只要把外围边线和岛屿轮廓绘出即可。

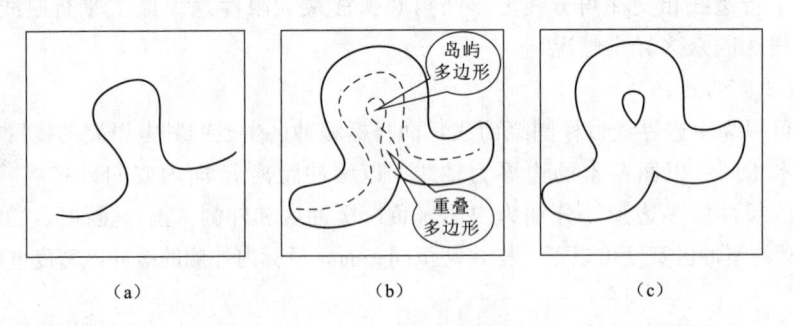

图4-10　缓冲线的自相交

任务4-3　叠　置　分　析

叠置分析是在统一的空间坐标系下，将同一地区的两个或两个以上的地理要素图层进行叠置，产生空间区域的多种属性特征的分析方法，如图4-11所示。它是GIS最常用的提取空间信息的手段之一。该方法源于传统的透明材料叠置，即把来自不同数据源的图纸绘于透明薄膜上，在透图桌上将其叠放在一起，然后用笔勾出感兴趣的部分，即提取出感兴趣的信息。GIS的叠置分析是将有关主题层组成的数据层面，进行叠加产生一个新数据层面的操作，其结果综合了原来两层或多层要素所具有的属性。叠置分析不仅包含空间关系的比较，还包括属性关系的比较。需要注意的是，被叠置的要素层面必须是基于相同坐标系统的、基准面相同的、同一区域的数据。

从叠置条件看，叠置分析分条件叠置和无条件叠置两种，条件叠置是以特定的逻辑、算术表达式为条件，对两组或两组以上的图件中相关要素进行叠置。GIS 中的叠置分析，主要是条件叠置。无条件叠置也称全叠置，将同一地区、同一比例尺的两图层或多图层进行叠合，得到该地区多因素组成的新分区图。

图 4-11 空间要素的叠置

从数据结构看，叠置分析有矢量叠置分析和栅格叠置分析两种。它们分别针对矢量数据结构和栅格数据结构，两者都用来求解两层或两层以上数据的某种集合，只是矢量叠置是实现拓扑叠置，得到新的空间特性和属性关系；而栅格叠置得到的是新的栅格属性。如图 4-12（a）、（b）所示。

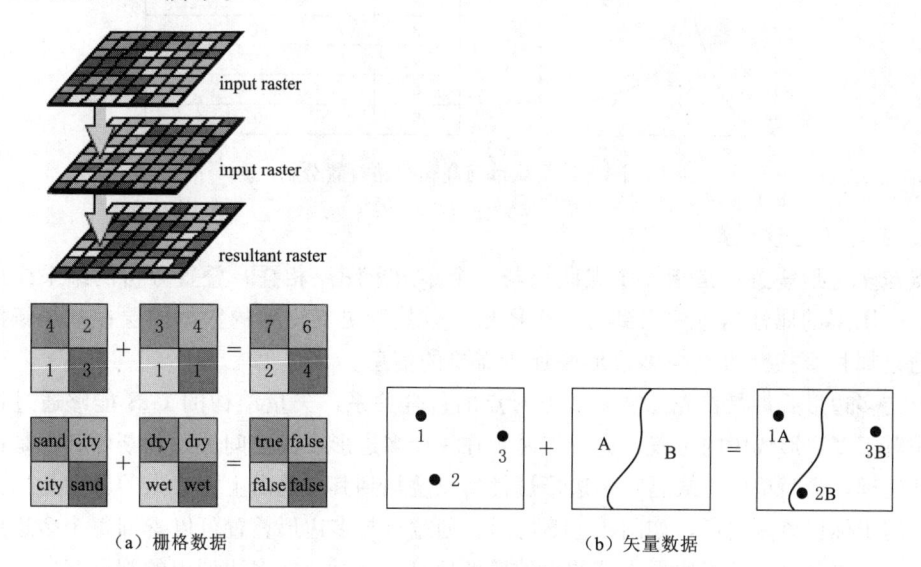

（a）栅格数据　　　　　　　　　　（b）矢量数据

图 4-12 数据的叠置分析

一、矢量数据的叠置分析

矢量数据叠置分析的对象主要有点、线、面（多边形），它们之间的互相叠置组合可以产生 6 种不同的叠置分析方式。

1. 点与点的叠置

点与点的叠置是把一个图层上的点与另一个图层上的点进行叠置，为图层内的点建立新的属性，同时对点的属性进行统计分析。这种叠置是通过不同图层间的点的位置和属性关系完成，得到一张新属性表，属性表示点之间的关系。如图 4-13 所示，从城市中网吧与学校的叠置及相应的属性表，可判断网吧与学校的距离。

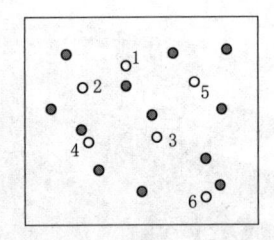

网吧	网吧与学校的距离/km
1	100
2	150
3	125
4	50
5	160
6	100

图4-13 城市中网吧与学校的叠置分析

2．点与线的叠置

点与线的叠置是一个图层上的点目标与另一图层上的线目标进行叠置，为图层内的点和线建立了新的属性。点与线叠置分析的结果可用于点和线的关系分析，如计算点与线的最近距离。如图4-14所示为城市与高速公路叠置分析，可以分析城市与高速公路之间的关系、高速公路的分布情况等。

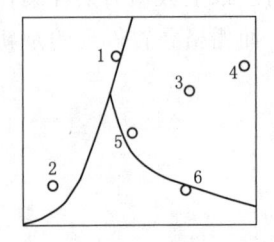

城市	城市与公路距离/km
1	0
2	20
3	80
4	140
5	10
6	0

图4-14 城市与高速公路叠置分析

3．点与多边形叠置

点与多边形叠置，是指一个点图层与一个多边形图层相叠，叠置分析的结果往往是将其中一个图层的属性信息注入到另一个图层中，然后更新得到的数据图层；基于新数据图层，通过属性直接获得点与多边形叠加所需要的信息。

点与多边形叠加是首先计算多边形对点的包含关系，矢量结构的GIS能够通过计算每个点相对于多边形线段的位置，进行点是否在一个多边形中的空间关系判断，其次是进行属性信息处理，最简单的方式是将多边形属性信息叠加到其中的点上，或点的属性叠加到多边形上，用于标识该多边形，如图4-15所示。通过点与多边形叠置可以查询每个多边形里有多少个点，以及落入各多边形内部的点的属性信息。通过点在多边形内的判别完成，通常得到一张新属性表，包含原属性、落在哪个多边形的目标标识、还可以从多边形属性表中提取一些附加属性（如油井与行政区划叠置），可以得到油井本身的属性如井位、井深、出油量，还可以得到行政区划的属性，如目标标识、行政区名称、行政区首长姓名等。

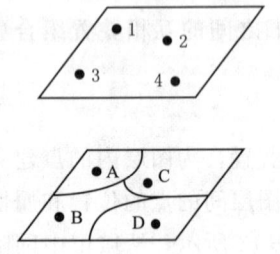

点号	属性1	属性2	多边形号	属性5
1			A	
2			C	
3			B	
4			D	

图4-15 点与多边形叠置

4．线与线叠置

线与线叠置是指一个图层上的线与另一图层的线叠置，通过分析线之间的关系，可以为图层中的线建立新的属性关系。图 4-16 为河流与公路的叠置分析结果，可以分析水陆交通运输的分布情况。

5. 线与多边形叠置

线与多边形的叠加，是比较线上坐标与多边形坐标的关系，判断线是否落在多边形内。计算过程通常是计算线与多边形的交点，只要相交，就产生一个结点，将原线打断成一条条弧段，并将原线和多边形的属性信息一起赋给新弧段。叠加的结果产生了一个新的数据层面，每条线被它穿过的多边形打断成新弧段图层，同时产生一个相应的属性数据表记录原线和多边形的属性信息，如图 4-17 所示。根据叠加的结果可以确定每条弧段落在哪个多边形内，可以查询指定多边形内指定线穿过的长度。如果线状图层为河流，叠加的结果是多边形将穿过它的所有河流打断成弧段，可以查询任意多边形内的河流长度，进而计算它的河流密度等；如果线状图层为道路网，叠加的结果可以得到每个多边形内的道路网密度，内部的交通流量，进入、离开各个多边形的交通量，相邻多边形之间的相互交通量。

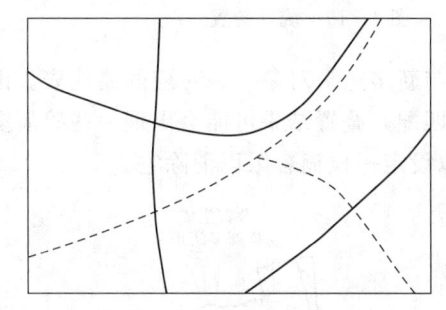

图 4-16 河流与公路的叠置分析结果

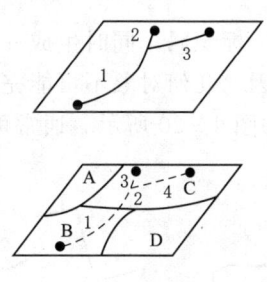

图 4-17 线与多边形叠置

6. 多边形与多边形叠置

多边形与多边形叠置是指同一地区、同一比例尺的两组或两组以上的多边形要素的数据文件进行叠置。参加叠置分析的两个图层应都是矢量数据结构。若需进行多层叠置，也是两两叠置后再与第三层叠置，依次类推。其中被叠置的多边形为本底多边形，用来叠置的多边形为上覆多边形，叠置后产生具有多重属性的新多边形。

其基本的处理方法是根据两组多边形边界的交点来建立具有多重属性的多边形或进行多边形范围内的属性特性的统计分析。其中，前者叫做地图内容的合成叠置，如图 4-18 所示；后者称为地图内容的统计叠置，如图 4-19 所示。

合成叠置的目的，是通过区域多重属性的模拟，寻找和确定同时具有几种地理属性的分布区域。或者按照确定的地理指标，对叠置后产生的具有不同属性的多边形进行重新分类或分级，因此叠置的结果为新的多边形数据文件。统计叠置的目的，是准确地计算一种要素（如土地利用）在另一种要素（如行政区域）的某个区域多边形范围内的分布状况和数量特征（包括拥有的类型数、各类型的面积及所占总面积的百分比等等），或提取某个区域范围内某种专题内容的数据。

叠置过程可分为几何求交过程和属性分配过程两步。几何求交过程首先求出所有多边形边界线的交点，再根据这些交点重新进行多边形拓扑运算，对新生成的拓扑多边形图层

图 4-18 合成叠置

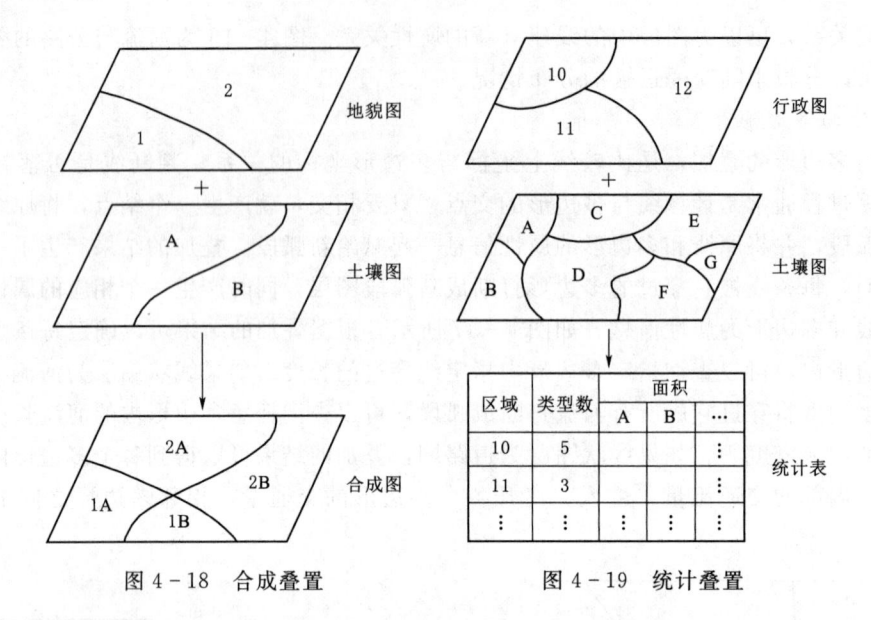

图 4-19 统计叠置

的每个对象赋一多边形唯一标识码,同时生成一个与新多边形对象一一对应的属性表。由于矢量结构的有限精度原因,几何对象不可能完全匹配,叠置结果可能会出现一些碎屑多边形(silver polygon),如图 4-20 所示。通常可以设定一模糊容限以消除它。

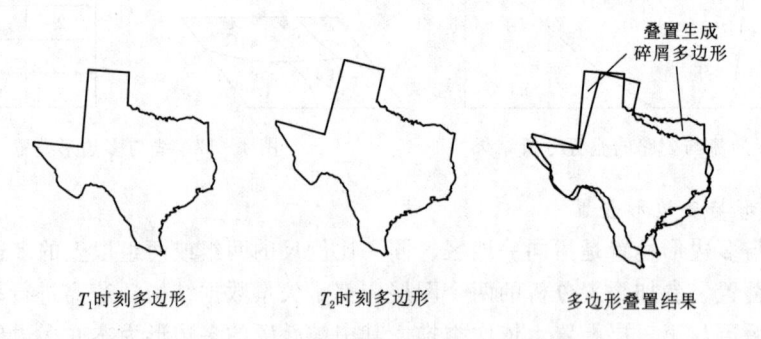

图 4-20 多边形叠置产生碎屑多边形

多边形叠置结果通常把一个多边形分割成多个多边形,属性分配过程最典型的方法是将输入图层对象的属性拷贝到新对象的属性表中,或把输入图层对象的标识作为外键,直接关联到输入图层的属性表。这种属性分配方法的理论假设是多边形对象内属性是均质的,将它们分割后,属性不变。也可以结合多种统计方法为新多边形赋属性值。

多边形叠置完成后,根据新图层的属性表可以查询原图层的属性信息,新生成的图层和其他图层一样可以进行各种空间分析和查询操作。

根据叠置结果最后欲保留空间特征的不同要求,一般的 GIS 软件都提供了 3 种类型的多边形叠置操作,如图 4-21 所示。

二、栅格数据的叠置分析

栅格数据结构空间信息隐含、属性信息明显的特点,可以看作最典型的数据层面,通过数学关系建立不同数据层面之间的联系是 GIS 提供的典型功能。空间模拟尤其需要通

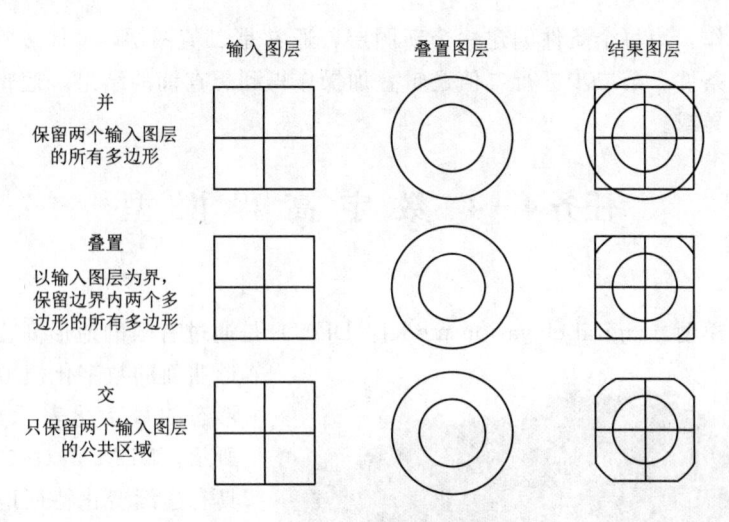

	输入图层	叠置图层	结果图层
并 保留两个输入图层 的所有多边形			
叠置 以输入图层为界， 保留边界内两个多 边形的所有多边形			
交 只保留两个输入图层 的公共区域			

图 4-21　多边形的不同叠置方式

过各种各样的方程将不同数据层面进行叠加运算，以揭示某种空间现象或空间过程。例如土壤侵蚀强度与土壤可蚀性，坡度，降雨侵蚀力等因素有关，可以根据多年统计的经验方程，把土壤可蚀性、坡度、降雨侵蚀力作为数据层面输入，通过数学运算得到土壤侵蚀强度分布图，如图 4-22 所示。

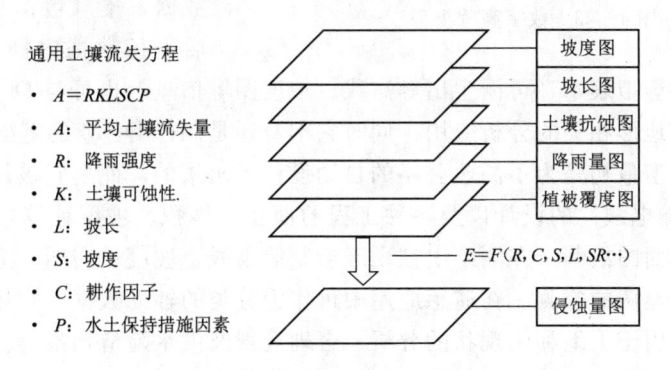

通用土壤流失方程
- $A = RKLSCP$
- A：平均土壤流失量
- R：降雨强度
- K：土壤可蚀性
- L：坡长
- S：坡度
- C：耕作因子
- P：水土保持措施因素

$E = F(R, C, S, L, SR\cdots)$

图 4-22　土壤侵蚀多因子函数运算复合分析示意图

这种作用于不同数据层面上的基于数学运算的叠置运算，在地理信息系统中称为地图代数。地图代数功能有 3 种不同的类型：

（1）基于常数对数据层面进行的代数运算。

（2）基于数学变换对数据层面进行的数学变换（指数、对数、三角变换等）。

（3）多个数据层面的代数运算（加、减、乘、除、乘方等）和逻辑运算（与、或、非、异或等）。

栅格图层叠置的另一形式是二值逻辑叠置，常作为栅格结构的数据库查询工具。数据库查询就是查找数据库中已有的信息，例如：基于位置信息查询如已知地点的土地类型，以及基于属性信息的查询如地价最高的位置；比较复杂的查询涉及多种复合条件，如查询所有的面积大于 10hm^2 且邻近工业区的全部湿地。这种数据库查询通常分为两步，首先进行再分类操作,为每个条件创建一个新图层,通常是二值图层,1代表符合条件,0表示所有不符合条件。第二步进行二值逻辑叠加操作得到想查询的结果。逻辑操作类型包括与、或、非、异或。

任务4-4 数字高程模型

一、概述

数字高程模型(digital elevation model,DEM)是通过有限的地形高程数据实现对地形曲面的数字化模拟(即地形表面形态的数字化表示),如图4-23所示。DEM是对二维地理空间上具有连续变化特征地理现象的模型化表达和过程模拟,是一定范围内规则格网点的平面坐标(X,Y)及其高程(Z)的数据集。它主要是描述区域地貌形态的空间分布,是通过等高线或相似立体模型进行数据采集(包括采样和量测),然后进行数据内插而形成的。DEM是对地貌形态的虚拟表示,可派生出等高线、坡度图等信息,也可与DOM或其他专题数据叠加,用于与地形相关的分析应用,同时它本身还是制作DOM的基础数据。

图4-23 数字高程模型

数字地形模型最初是为了高速公路的自动设计提出来的,此后它被用于各种线路选线(铁路、公路、输电线)的设计以及各种工程的面积、体积、坡度计算,任意两点间的通视判断及任意断面图绘制。在测绘中被用于绘制等高线、坡度坡向图、立体透视图,制作正射影像图以及地图的修测。在遥感应用中可作为分类的辅助数据。它还是地理信息系统的基础数据,可用于土地利用现状的分析、合理规划及洪水险情预报等。在军事上可用于导航及导弹制导、作战电子沙盘等。

一般而言,可将DEM的主要应用归纳为如下几点:

(1) 作为国家地理信息的基础数据。
(2) 土木工程、景观建筑与矿山工程的规划与设计。
(3) 为军事目的(军事模拟等)而进行的地表三维显示。
(4) 景观设计与城市规划。
(5) 流水线分析、可视性分析。
(6) 交通路线的规划与大坝的选址。
(7) 不同地表的统计分析与比较。
(8) 生成坡度图、坡向图、剖面图,辅助地貌分析,估计侵蚀和径流等。
(9) 作为背景叠加各种专题信息如土壤、土地利用及植被覆盖数据等,以进行显示与分析等。

二、DEM 的表示模型

1. 规则格网模型

规则网格，通常是正方形，也可以是矩形、三角形等规则网格。规则网格将区域空间切分为规则的格网单元，每个格网单元对应一个数值。数学上可以表示为一个矩阵，在计算机实现中则是一个二维数组。每个格网单元或数组的一个元素，对应一个高程值，如图 4-24 所示。

91	78	63	50	53	63	44	55	43	25
94	81	64	51	57	62	50	60	50	35
100	84	66	55	64	60	54	65	57	42
103	84	66	56	72	71	58	74	65	47
96	82	66	63	80	78	60	84	72	49
91	79	66	66	80	80	62	86	77	56
86	78	68	69	74	75	70	93	82	57
80	75	73	72	68	75	86	100	81	56
74	67	69	74	62	66	83	88	73	53
70	56	62	74	57	58	71	74	63	45

图 4-24 格网 DEM

对于每个格网的数值有两种不同的解释。第一种是格网栅格观点，认为该格网单元的数值是其中所有点的高程值，可以即格网单元对应的地面面积内高程是均一的高度，这种数字高程模型是一个不连续的函数。第二种是点栅格观点，认为该格网单元的数值是网格中心点的高程或该网格单元的平均高程值，这样就需要用一种插值方法来计算每个点的高程。计算任何不是网格中心的数据点的高程值，可以使用周围 4 个中心点的高程值，采用距离加权平均方法进行计算，当然也可使用样条函数和克里金插值方法。

规则格网的高程矩阵，可以很容易地用计算机进行处理，特别是栅格数据结构的地理信息系统。它还可以很容易地计算等高线、坡度坡向、山坡阴影和自动提取流域地形，使得它成为 DEM 最广泛使用的格式，目前许多国家提供的 DEM 数据都是以规则格网的数据矩阵形式提供的。但格网 DEM 也存在如下缺点：

（1）地形简单的地区存在大量冗余数据。

（2）如不改变格网大小，则无法适用于起伏程度不同的地区。

（3）对于某些特殊计算如视线计算时，格网的轴线方向被夸大。

（4）由于栅格过于粗略，不能精确表示地形的关键特征，如山峰、洼坑、山脊、山谷等。为了压缩栅格 DEM 的冗余数据，可采用游程编码或四叉树编码方法。

2. 等高线模型

等高线模型表示高程，高程值的集合是已知的，每一条等高线对应一个已知的高程值，这样一系列等高线集合和它们的高程值一起就构成了一种地面高程模型，如图 4-25 所示。

等高线通常被存成一个有序的坐标点对序列，可以认为是一条带有高程值属性的简单多边形或多边形弧段。由于等高线模型只表达了区域的部分高程值，往往需要一种插值方法来计算落在等高线外的其他点的高程，又因为这些点是落在两条等高线包围的区域内，所以，通常只使用外包的两条等高线的高程进行插值。

3. 不规则三角网

不规则三角网（triangulated irregular network，TIN）是一种 DEM 表示方法。TIN 模型根据区域有限个采样点取得的离散数据，按照优化组合的原则，把这些离散点（各三角形的顶点）连接成相互连续的三角面，在连接时尽可能地使每个三角形为锐角三角形

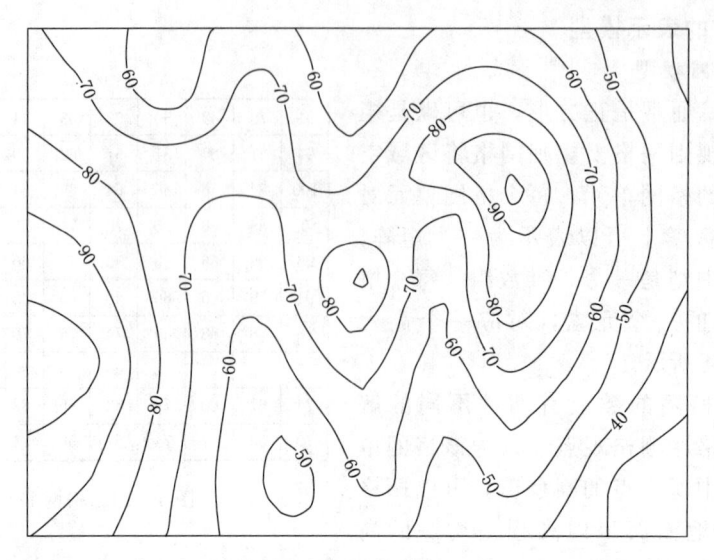

图 4－25　等高线

或三边的长度近似相等，将区域划分为相连的角面网格。

TIN 模型根据区域有限个点集将区域划分为相连的三角面网络，区域中任意点落在三角面的顶点、边上或三角形内。如果点不在顶点上，该点的高程值通常通过线性插值的方法得到（在边上用边的两个顶点的高程，在三角形内则用三个顶点的高程）。所以 TIN 是一个三维空间的分段线性模型，在整个区域内连续但不可微。

TIN 的数据存储方式比格网 DEM 复杂，它不仅要存储每个点的高程，还要存储其平面坐标、节点连接的拓扑关系，三角形及邻接三角形等关系。TIN 模型在概念上类似于多边形网络的矢量拓扑结构，只是 TIN 模型不需要定义"岛"和"洞"的拓扑关系。

有许多种表达 TIN 拓扑结构的存储方式，一个简单的记录方式：对于每一个三角形、边和节点都对应一个记录，三角形的记录包括三个指向它三个边的记录的指针；边的记录有 4 个指针字段，包括两个指向相邻三角形记录的指针和它的两个顶点的记录的指针；也可以直接对每个三角形记录其顶点和相邻三角形，如图 4－26 所示。每个节点包括 3 个坐标值的字段，分别存储 X，X，Z 坐标。这种拓扑网络结构的特点是对于给定一个三角形查询其 3 个顶点高程和相邻三角形所用的时间是定长的，在沿直线计算地形剖面线时具有较高的效率。当然可以在此结构的基础上增加其他变化，以提高某些特殊运算的效率，例如在顶点的记录里增加指向其关联的边的指针。

不规则三角网数字高程由连续的三角面组成，三角面的形状和大小取决于不规则分布的测点，或节点的位置和密度。不规则三角网与高程矩阵方法不同之处是随地形起伏变化的复杂性而改变采样点的密度和决定采样点的位置，因而它能够避免地形平坦时的数据冗余，又能按地形特征点如山脊、山谷线、地形变化线等表示数字高程特征。

4. 层次模型

层次模型（layer of details，LOD）是一种表达多种不同精度水平的数字高程模型。大多数层次模型是基于不规则三角网模型的，通常不规则三角网的数据点越多精度越高，

(a) 点文件 　　　　　　　　　　　　(b) 三角形文件

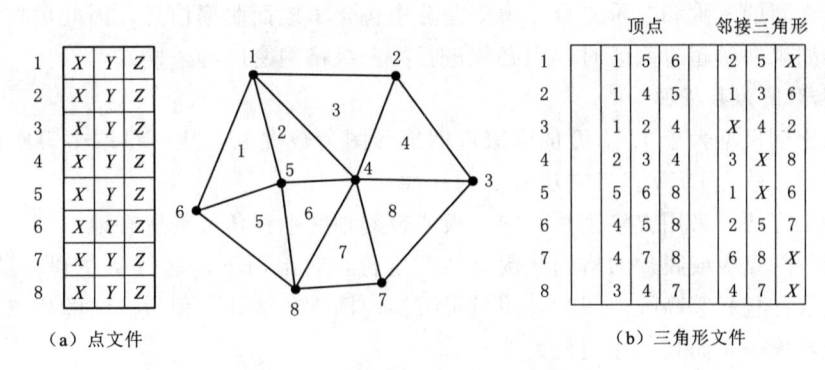

图 4-26　三角网的一种存储方式

数据点越少精度越低，但数据点多则要求更多的计算资源。所以如果在精度满足要求的情况下，最好使用尽可能少的数据点。层次地形模型允许根据不同的任务要求选择不同精度的地形模型。层次模型的思想很理想，但在实际运用中必须注意几个重要的问题：

(1) 层次模型的存储问题。很显然，与直接存储不同，层次的数据必然导致数据冗余。

(2) 自动搜索的效率问题。例如搜索一个点可能先在最粗的层次上搜索，再在更细的层次上搜索，直到找到该点。

(3) 三角网形状的优化问题。例如可以使用 Delaunay 三角剖分。

(4) 模型可能允许根据地形的复杂程度采用不同详细层次的混合模型。例如，对于飞行模拟，近处时必须显示比远处更为详细的地形特征。

(5) 在表达地貌特征方面应该一致。例如，如果在某个层次的地形模型上有一个明显的山峰，在更细层次的地形模型上也应该有这个山峰。

这些问题目前还没有一个公认的最好的解决方案，仍需进一步深入研究。

三、DEM 的数据源与建立方法

1. 以航空或航天遥感图像为数据源

该方法是由航空或航天遥感立体像对，用摄影测量的方法建立空间地形立体模型，量取密集数字高程数据，建立 DEM。采集数据的摄影测量仪器包括各种解析的和数字的摄影测量与遥感仪器。摄影测量采样法还可以进一步分成：

(1) 选择采样。在采样之前或采样过程中选择所需采集高程数据的样点（地形特征点：如断崖、沟谷、脊等）。

(2) 适应性采样。采样过程中发现某些地面没有包含必要信息时，取消某些样点，以减少冗余数据（如平坦地面）。

(3) 先进采样法。采样和分析同时进行，数据分析支配采样过程。先进采样在产生高程矩阵时能按地表起伏变化的复杂性进行客观、自动地采样。实际上它是连续的不同密度的采样过程，首先按粗略格网采样，然后在变化较复杂的地区进行精细格网（采样密度增加一倍）采样。由计算机对前两次采样获得的数据点进行分析后，再决定是否需要继续作高一级密度的采样。

计算机的分析过程是，在前一次采样数据中选择相邻的 9 个点作窗口，计算沿行或列方向邻接点之间的一阶和二阶差分。由于差分中包含了地面曲率信息，因此可按曲率信息选取阈值。如果曲率超过阈值时，则必须进行另一级格网密度的采样。

2. 以地形图为数据源

主要以比例尺不大于1:1万的国家近期地形图为数据源，从中量取中等密度地面点集的高程数据，建立DEM。其方法有下列几种：

（1）手工方法。采用方格膜片、网点板或带刻划的平移角尺叠置在地形图上，并使地形图的格网与网点板或膜片的格网线逐格匹配定位，自上而下，逐行从左到右量取高程。当格网交点落在相邻等高线之间时，用目视线性内插方法估计高程值。它的优点是几乎不需要购置仪器设备，而且操作简便。

（2）手扶跟踪数字化仪采集。采集方式有：沿主要等高线采集平面曲率极值点，并选采高程注记点和线性加密点作补充；逐条等高线的线方式连续采集样点，并采集所有高程注记点作补充，这种方式适用于等高线较稀疏的平坦地区；沿曲线和坡折线采集曲率极值点，并补采峰—鞍线和水边线的支撑点，分别以等高线，峰—鞍链和边界链格式存储。

（3）扫描数字化仪采集。这种方式采集速度最快，但目前仅能以扫描分版等高线图方式采集高程。随着研究的不断深入，一些难点和瓶颈问题被解决，从地图扫描数据中自动地建立DEM技术必将达到实用水平。

3. 以地面实测记录为数据源

用电子速测仪（全站仪）和电子手簿或测距经纬仪配合PC1500等袖珍计算机，在已知点位的测站上，观测到目标点的方向、距离和高差三个要素。计算出目标点的X、Y、Z三维坐标，存储于电子手簿或袖珍计算机中，成为建立DEM的原始数据。这种方法一般用于建立小范围大比例尺（比例尺大于1:5000）区域的DEM，对高程的精度要求较高。另外气压测高法获取地面稀疏点集的高程数据，也可用来建立对高程精度要求不高的DEM。

4. 其他数据源

采用近景摄影测量在地面摄取立体像对，构造解析模型，可获得小区域的DEM。此时，数据的采集方法与航空摄影测量基本相同。这种方法在山区峡谷、线路工程和露天矿山中有较大的应用价值。

复习思考题

1. 空间分析的一般步骤是什么？
2. DEM的生成方法有哪些？
3. 什么叫不规则三角网模型？如何建立？
4. 不规则三角网的优点有哪些？
5. 简述DEM的主要用途。
6. 什么是多边形叠置分析？其基本步骤有哪些？
7. 简述缓冲区分析的原理与用途。

模块五

GIS 产品输出

模块概述

空间数据在GIS中经过分析处理后,将所提取的信息和处理结果以某种可感知的形式输出,供专业人员在生产、研究和管理中使用。GIS产品输出是指将GIS分析或查询检索的结果表示为用户需要的可以理解的形式,输出方式包括屏幕显示、矢量绘图和打印输出等,GIS产品的输出形式有地图、图像和统计图表等,而地图输出是GIS产品输出的主要形式,为此需对地图进行设计。

学习目标

1. 知识目标

(1) 掌握GIS产品的类型和输出方法。

(2) 掌握地图设计的方法。

2. 技能目标

(1) 能生产GIS产品类型并输出。

(2) 会进行地图元素设计。

3. 态度目标

(1) 具有吃苦耐劳精神和勤俭节约作风。

(2) 具有爱岗敬业的职业精神。

(3) 具有良好的职业道德和团结协作能力。

(4) 具有独立思考解决问题的能力。

思政导读

国 家 版 图 意 识

国家版图意识主要指公民对国家疆域的认可、认知和自觉维护的意识。正确的国家版图是国家主权和领土完整的象征,体现了国家在主权方面的意志和在国际社会中的政治、外交立场。

(1) 领土完整和国家安全:让学生了解国家版图的重要性,包括国家的陆地边界、海岸线、河流、湖泊等自然地理特征,以及国家在国际社会中的地理位置和疆域范围。同时强调维护国家领土完整和国家安全的重要性,引导学生树立维护国家主权和领土完整的意识。

(2) 民族自豪感和爱国情感:通过介绍中国地图的历史背景和中国的地理特点,让学生了解中国的历史和文化,引导学生产生民族自豪感和爱国情感。同时,让学生了解中国在世界舞台上的地位和影响力,增强他们的国际视野和跨文化交流能力。

(3) 地图的正确使用:让学生了解如何正确使用地图,包括地图的比例尺、方向、图例等基本要素。同时,介绍一些具有误导性的地图,如漏绘领土、错绘国界线、标注错误称谓等,让学生认识到这些地图对国家利益和形象的损害,强化他们的国家版图意识。

(4) 爱国主义教育和精神文明建设:将国家版图意识融入爱国主义教育和精神文明建设活动中,如组织学生参观地理科学馆、开展地图知识竞赛、制作宣传海报等。这些活动可以增强学生的参与感和体验感,让他们在实践中更好地了解国家版图意识和爱国主义精神的重要性。

总之,国家版图意识是每个公民应该具备的基本素质之一,它关系到国家的尊严和利益。通过加强宣传教育和监管措施,可以共同维护国家的领土完整和主权尊严。

任务 5-1　GIS 产品的输出方式与类型

GIS 产品是指经由系统处理和分析,可以直接供专业规划人员或决策人员使用的各种地图、图表、图像、数据报表或文字说明。GIS 产品输出是指将 GIS 分析或查询检索的结果表示为用户需要的可以理解的形式。

一、GIS 产品输出方式

目前,一般地理信息系统软件都为用户提供 3 种主要图形图像输出方式和属性数据报表输出。屏幕显示主要用于系统与用户交互时的快速显示,是比较廉价的输出产品,需以屏幕摄影方式做硬拷贝,可用于日常的空间信息管理和小型科研成果输出;矢量绘图仪制图用来绘制高精度的比较正规的大图幅图形产品;喷墨打印机,特别是高品质的激光打印机已经成为当前地理信息系统地图产品的主要输出设备。表 5-1 列出了主要图形输出设备。

表 5-1　　　　　　　　主要图形输出设备一览表

设　备	图形输出方式	精度	特　点
矢量绘图仪	矢量线划	高	适合绘制一般的线划地图,还可以进行刻图等特殊方式的绘图
喷墨打印机	栅格点阵	高	可制作彩色地图与影像地图等各类精致地图制品
高分辨彩显	屏幕象元点阵	一般	实时显示 GIS 的各类图形、图像产品
行式打印机	字符点阵	差	以不同复杂度的打印字符输出各类地图,精度差,变形大
胶片拷贝机	光栅	较高	可将屏幕图形复制至胶片上,用于制作幻灯片或正胶片

1. 屏幕显示

由光栅或液晶的屏幕显示图形、图像,通常是比较廉价的显示设备,常用来做人和机器交互的输出设备,其优点是代价低、速度快、色彩鲜艳,且可以动态刷新,缺点是非永久性输出,关机后无法保留,而且幅面小、精度低、比例不准确,不宜作为正式输出设备。但值得注意的是,目前,往往将屏幕上所显示的图形采用屏幕拷贝的方式记录下来,以在其他软件支持下直接使用。图 5-1 为计算机屏幕显示的地图。

由于屏幕同绘图机的彩色成图原理有着明显的区别,所以,屏幕所显示的图形如果直接用彩色打印机输出,两者的输出效果往往存在着一定的差异。这就为利用屏幕直接进行地图色彩配置的操作带来很大的障碍。解决的方法一般是根据经验制作色彩对比表，依此作为色彩转换的依据。近年来，部分地理信息系统与机助制图软件在屏幕与绘图机色彩输出一体化方面已经做了不少卓有成效的工作。

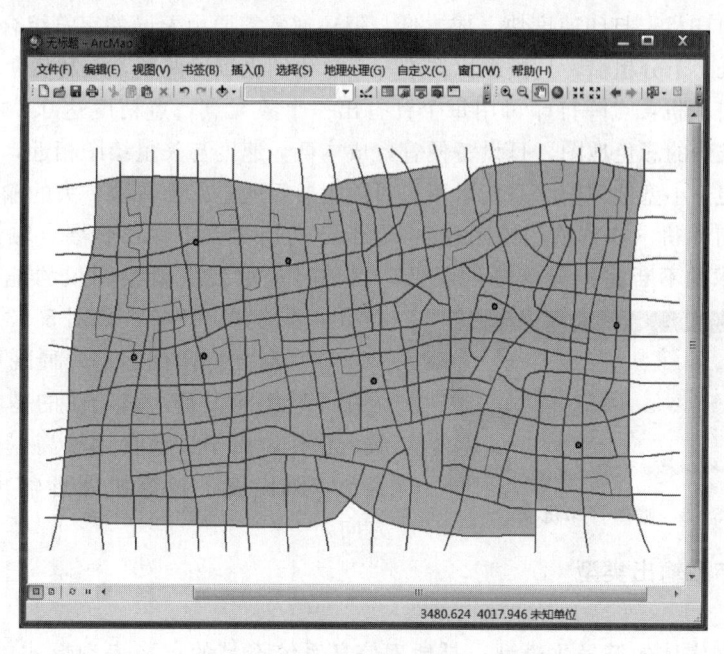

图 5-1 计算机屏幕显示地图

2. 矢量绘图

矢量制图通常采用矢量数据方式输入，根据坐标数据和属性数据将其符号化，然后通过制图指令驱动制图设备；也可以采用栅格数据作为输入，将制图范围划分为单元，在每一单元中通过点、线构成颜色、模式表示，其驱动设备的指令依然是点、线。矢量制图指令在矢量制图设备上可以直接实现，也可以在栅格制图设备上通过插补将点、线指令转化为需要输出的点阵单元，其质量取决于制图单元的大小。

矢量形式绘图以点、线为基本指令。在矢量绘图设备中通过绘图笔在 4 个方向（$+X$、$+Y$）、（$-X$、$-Y$）或 8 个方向［（$+X$，0）、（$+X$，$+Y$）、（0，$+Y$）、（$-X$，$+Y$）、（$-X$，0）、（$+X$，$-Y$）、（0，$-Y$）、（$+X$，$-Y$）］上的移动形成阶梯状折线组成。由于一般步距很小，所以线划质量较高。在栅格设备上通过将直线经过的栅格点赋予相应的颜色来实现。矢量形式绘图表现方式灵活、精度高、图形质量好、幅面大，其缺点是速度较慢、价格较高，如图 5-2 所示。矢量形式绘图实现各种地图符号，采用这种方法形成的地图有点位符号图、线状符号图、面状符号图、等值线图、透视立体图等。

在图形视觉变量的形式中，符号形状可以通过数学表达式、连接离散点、信息块等方法

图 5-2 矢量绘图机

形成；颜色采用笔的颜色表示；图案通过填充方法按设定的排列、方向进行填充。

3. 打印输出

打印输出一般是直接由栅格方式进行的，可利用以下几种打印机。

(1) 行式打印机：打印速度快，成本低，但还通常需要由不同的字符组合表示象元的灰度值，精度太低，十分粗糙，且横纵比例不一，总比例也难以调整，是比较落后的方法。

(2) 点阵打印机：点阵打印可用每个针打出一个象元点，点精度达 0.141mm，可打印精美的、比例准确的彩色地图，且设备便宜，成本低，速度与矢量绘图相近，但渲染图比矢量绘图均匀，便于小型地理信息系统采用，目前主要问题是幅面有限，大的输出图需拼接。

(3) 喷墨打印机（亦称喷墨绘图仪）：是十分高档的点阵输出设备，输出质量高、速度快，随着技术的不断完善与价格的降低，目前已经取代矢量绘图仪的地位，成为 GIS 产品主要的输出设备，如图 5-3 所示。

(4) 激光打印机：是一种既可用于打印又可用于绘图的设备，其绘图的基本特点是高品质、快速。由于目前费用较高，尚未得到广泛普及，但代表了计算机图形输出的基本发展方向。

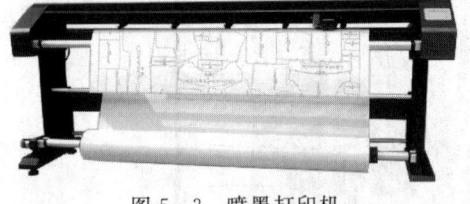

图 5-3 喷墨打印机

二、GIS 产品输出类型

1. 地图

地图是空间实体的符号化模型，是地理信息系统产品的主要表现形式，如图 5-4 所示。根据地理实体的空间形态，常用的地图种类有点位符号图、线状符号图、面状符号图、等值线图、三维立体图、晕渲图等。点位符号图在点状实体或面状实体的中心以制图符号表示实体质量特征；线状符号图采用线状符号表示线状实体的特征；面状符号图在面状区域内用填充模式表示区域的类别及数量差异；等值线图将曲面上等值的点以线划连接起来表示曲面的形态；三维立体图采用透视变换产生透视投影使读者对地物产生深度感并表示三维曲面的起伏；晕渲图以地物对光线的反射产生的明暗使读者对三维表面产生起伏感，从而达到表示立体形态的目的，如图 5-5 所示。

图 5-4 普通地图　　　　图 5-5 晕渲地形图

2. 图像

图像也是空间实体的一种模型，它不采用符号化的方法，而是采用人的直观视觉变量（如灰度、颜色、模式）表示各空间位置实体的质量特征。它一般将空间范围划分为规则的单元（如正方形），然后再根据几何规则确定的图像平面的相应位置用直观视觉变量表示该单元的特征，图 5-6 为正射影像地图，图 5-7 为三维模拟地图。

图 5-6　正射影像地图　　　　图 5-7　三峡库区三维模拟地图

3. 统计图表

非空间信息可采用统计图表表示。统计图将实体的特征和实体间与空间无关的相互关系采用图形表示，它将与空间无关的信息传递给使用者，使得使用者对这些信息有全面、直观的了解。统计图常用的形式有柱状图、扇形图、直方图、饼图、折线图和散点图等，如图 5-8～图 5-10 所示。统计表格将数据直接表示在表格中，使读者可直接看到具体数据值。

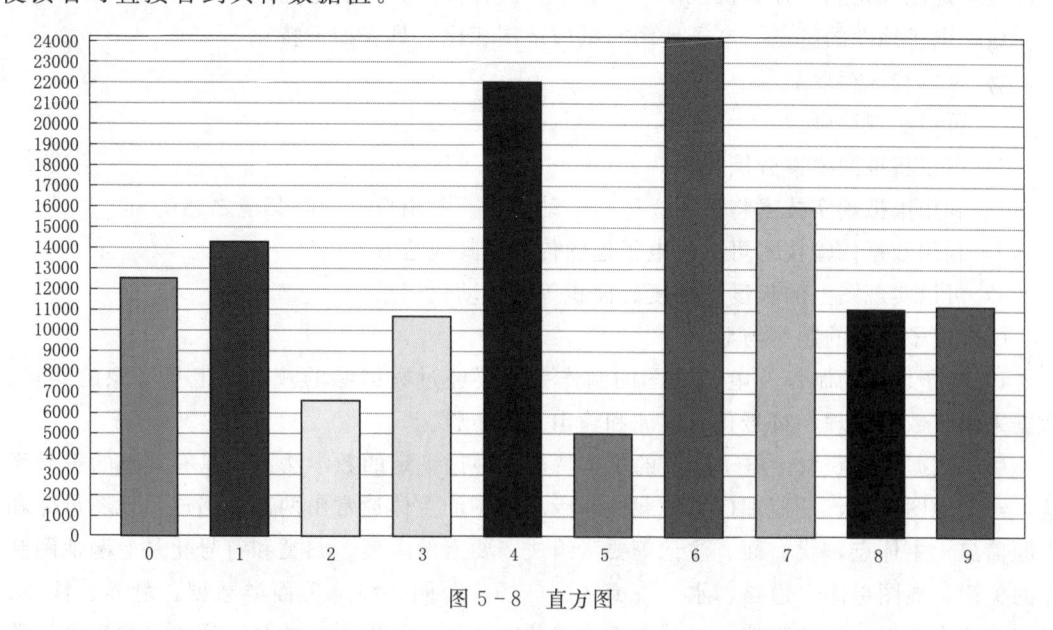

图 5-8　直方图

图 5-9　散点图　　　　　　　　图 5-10　饼图

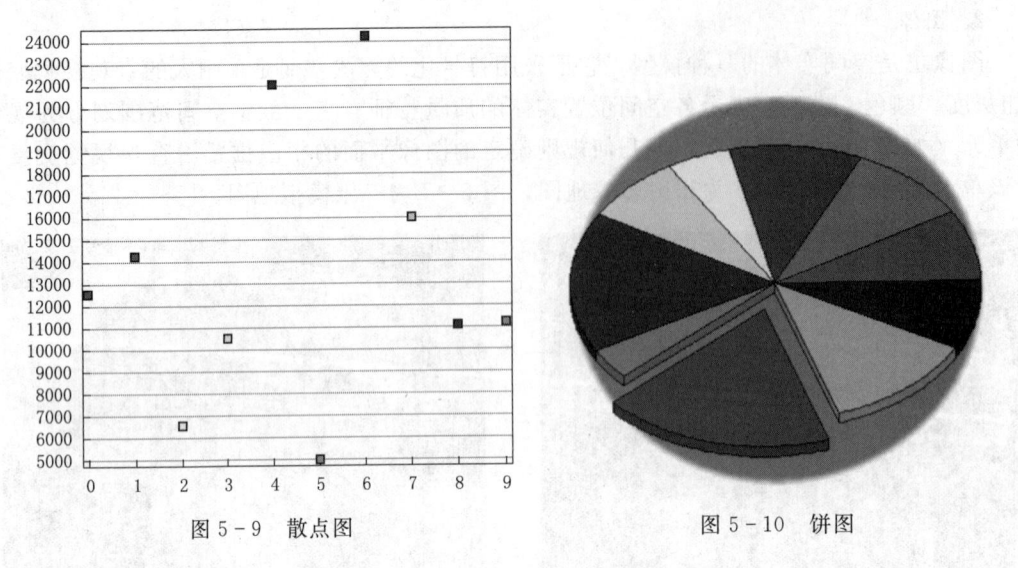

随着数字图像处理系统、地理信息系统、制图系统以及各种分析模拟系统和决策支持系统的广泛应用，数字产品成为广泛采用的一种产品形式，供信息作进一步的分析和输出，使得多种系统的功能得到综合。数字产品的制作是将系统内的数据转换成其他系统采用的数据形式。

三、电子地图简介

随着科学技术的发展，不但测绘地图的基础手段有了很大的变化，地图的载体形态、表现形式也有了新的发展。20 世纪 80 年代中期诞生的电子地图作为一种新型地图，越来越体现出其强大的生命力，并日益受到人们的重视。

电子地图，是利用计算机技术，以数字方式存储和查阅的地图。

（1）电子地图的特点。电子地图与纸质地图相比，具有如下特点：

1）可以快速存取显示。

2）可以实现动画。

3）可以将地图要素分层显示。

4）利用虚拟现实技术将地图立体化、动态化，令用户有身临其境之感。

5）利用数据传输技术可以将电子地图传输到其他地方。

6）可以实现图上的长度、角度、面积等的自动化测量。

（2）电子地图的制作与显示。

1）电子地图的制作。电子地图的制作一般要经过数据源的获取、卫星影像的纠正、数据采集、数据处理、符号化、标注和输出 7 个步骤。

（a）数据源的获取。电子地图的基本特征：遵循一定的数学法则，具有完整的符号系统，经过地图概括，是地理信息的载体。专题地图的主体通常由两部分组成：地图母体和专题信息。主体点、线、面、注记等要素组成，要素的采集、归类和符号化是专题地图制作的关键。地图母体由道路、水系、街区、广场、公园、绿地等面类数据，境界、铁路、河流等线类数据，标志建筑、机关企事业单位驻地等点类数据，地名、道路名称等注记类数据组成。地图母体数据的点、线、注记类数据可以从数字地形图中提取，面类数据可以从卫星影中采集提取。卫星影像因其获取方便、现势性好、图面直观、成本低等优点，在专题地图中得到了越来越广泛的应用。像交通旅游图的专题信息主要有公交线路、站点、旅游景点分布、餐饮娱乐和宾馆信息等。专题信息少部分可以从数字地形图或已有的信息中提取，更多需要外业采集和调绘。

用来编制专题地图的数据源往往具有不同的坐标系统和地图投影，如编制专题地图到的卫星影像通常是 WGS84 坐标系的，且地理精度很低需要纠正，使用的数字地形图可是 1980 西安坐标系或其他坐标系，利用导航型的 GNSS 接收机采集的专题信息是 WGS84 坐标系下的成果。在编制专题地图的过程中，首先应统一各数据源的坐标系统和地图投影。

(b) 卫星影像的纠正。卫星影像的纠正比栅格地图的纠正特殊，它需要特定的纠正模型，针对不同的卫星需要不同的正模型。栅格地图通常采用多项式法进行纠正，这在早期的地形图扫描矢量化中得到了广泛应用。卫星影像也采用简单的多项式法进行纠正往往达不到理想的效果。

卫星影像纠正的关键是要选好纠正点。纠正点应均匀分布在每景数据的边缘和中心，点位最好选择在影像明显地物特征点处，如水系交叉口、道路交叉口、房角处等。纠正点实际坐标可以通过现场测绘或从已有的数字地形图成果中提取的方法获取。为了达到理想的纠正效果，还应提供 DEM 成果，如果影像覆盖范围的地势变化复杂，还应提供精确的 DEM 成果，如果地势较平坦也可以采用同一高程面的 DEM 成果。卫星影像要想纠正到某一坐标系，纠正点就要采用同一坐标系下的成果。

(c) 数据采集。数据采集时，可以先采集道路中心线数据，再根据道路宽度自动生成道路面类数据，在此上再通过数据拓扑获得街区、广场、公园、绿地等面类数据。面类数据的分类可以利用影像来进行，将分类特征输入属性项中。编辑的过程中应注意地类划分的面与面之间不应有交叉和空隙，否则会影响出图效果，需要进行处理。线类数据的编辑要注意不能重复，同一内容的线要素应尽量连通，去掉伪节点，如铁路、境界等应尽量连成一根。点类数据的编辑一般比较简单，只要输入进系统即可，但要注意分类和区分，可以建立相应的属性项来标识。

(d) 数据处理。由于数据源的不同，矢量数据的坐标系可能不统一，需要进行变换。坐标系统的变换需要提供已知的控制点成果，控制点在两个坐标系统下的坐标成果应该已知，一般至少要有 3 个已知点。

专题地图通常只表示平面位置信息，要想表示地势信息，可以套合等高线进行表示，也可以通过叠加 TIN 的方式来表示。叠加 TIN 的方式可以增加平面图的立体效果，地势变化也比较直观醒目。

(e) 符号化。专题地图制作的关键是地图要素的配色和符号化。对于点类要素主要是点状符号的设计和配色，对于线类要素主要是线型的制作和配色，对于面类要素主要是填充符号的设计和颜色搭配。

在专题地图配色和符号化的过程，要反复进行实验和比较，符号的设计和颜色的搭配要具有一定的美感。符号设计要简洁美观形象生动，颜色搭配要合理协调，这是一项认真而细致的工作。

(f) 标注。标注是专题地图制作必不可少的,也是很关键的。专题地图的标注可以通过显示属性项内容的方式进行标注,也可以通过文本工具进行标注。前者用得较少,因为标注的内容和位置随意性大,一般只用来进行显示。后者用得较多,可以先将地物属性项的内容转换成文本,再进行字体、大小和位置的调整。

标注的内容应包括各类地物的名称或说明,如机关企事业单位名称、餐饮旅店名称、教育文化娱乐场所名称、金融商场等服务场所名称、公园广场旅游景点等地名、道路和水系名称、公交站点和线路名称等。

标注的另一项重要内容是图名、比例尺、编制单位、编制日期、图例等地图属性信息。

标注的形式要按照类别进行区分,不同类地物的标注的字体、大小和颜色应有区别,同类的地物标注应尽量一致,文字标注的位置、朝向和顺序要符合常理和认图习惯,不能有交叉和歧义,如文字的顺序应符合光影法则,河流注记应采用蓝色耸肩字体等。

(g) 输出。专题地图应根据显示终端的特点输出相应的格式,如:emf 格式、eps 格式、ai 格式、tif 格式等。栅格格式的电子地图对显示终端的要求最低,不需要特定的应用软件,但不能对图内的要素进行统计分析;矢量格式的电子地图,在显示终端需要特定的软件支持,可以进行简单的空间运算或统计分析。

2) 电子地图的显示。目前电子地图可以在很多终端上显示,如 CRT 显示器,LCD 显示器、投影仪、PDA、手机、电视、导航仪等。正是电子地图显示终端的多样化和大众化,电子地图得到了广泛应用,电子地图的显示品质也得到了快速提高,电子地图的内容和形式也得到了飞速发展。

(3) 电子地图应用展望。随着 3S 技术的发展,高精度卫星影像的获取越来越快速、方便,地理信息系统的数据处理、分析决策和管理维护功能越来越强大。GNSS 技术的应用越来越广泛,电子地图的种类和形式也得到了前所未有的发展,制作起来更加方便。电子地图的服务领域必将越来越广,成为生产、生活和学习必不可少的重要工具。

任务 5-2 地 图 设 计

地图是根据一定的数学法则,将地球(或其他星体上)的自然和人文现象,使用地图语言,通过制图综合,缩小反映在平面上,反映各种现象的空间分布、组合、联系、数量和质量特征及其在时间中的发展变化。

地图是 GIS 的界面,构成地图的基本内容,叫做地图要素。它包括数学要素、地理要素和整饰要素(亦称辅助要素),所以又通称地图"三要素"。

(1) 数学要素指构成地图的数学基础。例如地图投影、比例尺、控制点、坐标网、高程系、地图分幅等。这些内容是决定地图图幅范围、位置,以及控制其他内容的基础。它保证地图的精确性,作为在图上量取点位、高程、长度、面积的可靠依据,在大范围内保证多幅图的拼接使用。数学要素对军事和经济建设都是不可缺少的内容。

(2) 地理要素是指地图上表示的具有地理位置、分布特点的自然现象和社会现象。因此,又可分为自然要素(如水文、地貌、土质、植被)和社会经济要素(如居民地、交通线、行政境界等)。

(3) 整饰要素，主要指便于读图和用图的某些内容。例如：图名、图号、图例和地图资料说明，以及图内各种文字、数字注记等。

一、地图符号

地图符号是地图的语言，它是表达地图内容的基本手段。地图符号是由形状不同、大小不一和色彩有别的图形和文字组成，注记是地图符号的一个重要部分，它也有形状、尺寸和颜色之区别。就单个符号而言，它可以表示事物的空间位置、大小、质量和数量特征；就同类符号而言，可以反映各类要素的分布特点；而各类符号的总和，则可以表明各要素之间的相互关系及区域总体特征。

按照符号所代表的客观事物分布状况，可以把符号分为面状符号、点状符号和线状符号，如图 5-11 所示。

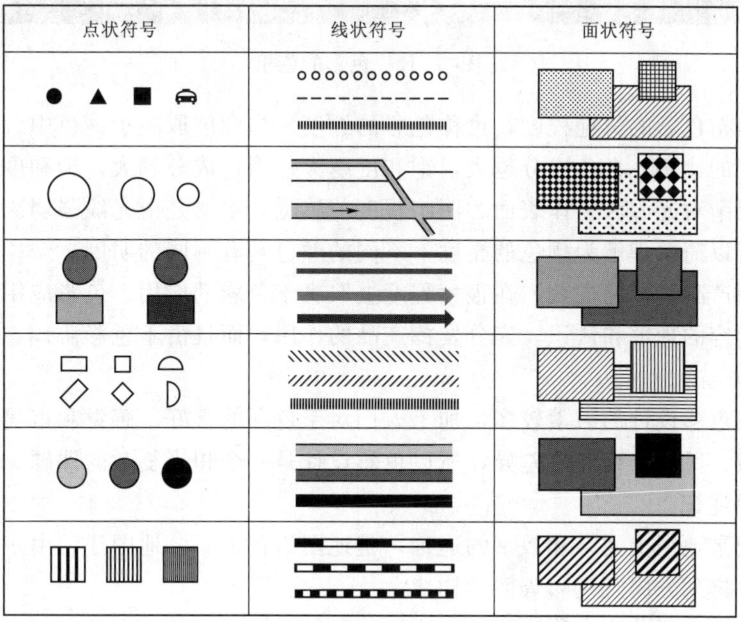

图 5-11 地图面状、点状、线状符号

面状符号是一种能按地图比例尺表示出事物分布范围的符号。面状符号是用轮廓线（实线、虚线或点线）表示事物的分布范围，其形状与事物的平面图形相似，轮廓线内加绘颜色或说明符号以表示它的性质和数量，并可以从图上量测其长度、宽度和面积，一般又把这种符号称为依比例符号。

点状符号是一种表达不能依比例尺表示的小面积事物（如油库等）和点状（如控制点）所采用的符号。点状符号的形状和颜色表示事物的性质，点状符号的大小通常反映事物的等级或数量特征，但是符号的大小与形状与地图比例尺无关，它只具有定位意义，一般又称这种符号为不依比例尺符号。

线状符号是一种表达呈线状或带状延伸分布事物的符号，如河流，其长度能按比例尺表示，而宽度一般不能按比例尺表示，需要进行适当的夸大。因而，线状符号的形状和颜色表示事物的质量特征,其宽度往往反映事物的等级或数值。这类符号能表示事物的分布位置、延伸形态和长度,但不能表示其宽度,一般又称为半依比例符号。

二、地图的色彩

色彩可以为地图增添特殊的魅力。制图者通常情况下会首选制作彩色地图。地图制作中色彩的运用首先必须理解色彩的3个属性,即色相(色调)、饱和度(纯度)和明度。

色相,即各类色彩的相貌称谓,色相是色彩的首要特征,是区别各种不同色彩的最准确的标准。色的不同是由光的波长的长短差别所决定的。作为色相,指的是这些不同波长的色的情况。光谱中的红、橙、黄、绿、青、蓝、紫7种分光色是具有代表性的7种色相,如图5-12所示。

图5-12 色彩的色相

饱和度是指色彩的鲜艳程度,也称色彩的纯度。饱和度取决于该色中含色成分和消色成分(灰色)的比例。含色成分越大,饱和度越大;消色成分越大,饱和度越小。

明度是眼睛对光源和物体表面的明暗程度的感觉,主要是由光线强弱决定的一种视觉经验。明度可以简单理解为颜色的亮度,不同的颜色具有不同的明度。

一件地图产品设计的成败,在很大程度上取决于色彩的应用。色彩应用得当,不仅能加深人们对内容的理解和认识,充分发挥产品的作用,而且由于色彩协调,富有韵律,能给人以强烈的美感。

由于影响色彩设计的因素较多,加上人们对于色彩的喜好、感觉和审美趣味的差异以及国家、地域、民族、信仰的差异,所以色彩设计是一个相当复杂的课题。

三、地图注记

地图注记是地图上文字和数字的通称,是地图语言之一。地图注记由字体、字号、字间距、位置、排列方向及色彩等因素构成。

地图上的注记可分为名称注记、说明注记和数字注记3种。

(1) 名称注记:说明各种事物的专有名称,如居民点名称。

(2) 说明注记:用来说明各种事物的种类、性质或特征,用于补充图形符号的不足,它常用简注表示。

(3) 数字注记:用来说明某些事物的数量特征,如高程等。

用不同字体和颜色区分不同事物;用注记的大小等级反映事物分级以及在图上的重要程度;用注记位置以及不同间隔和排列方向表现事物的位置、伸展方向和分布范围。地图注记主要由照相排字或激光排字而得。注记设计和剪贴,要求字形工整、美观、主次分明、易于区分、位置正确如图5-13、图5-14所示。

四、地图版面设计

地图设计是一种为达一定目标而进行的视觉设计,其目的是为了增强地图传递信息的功能。地图图面设计包括图名、比例尺、图例、插图(或附图)、文字说明和图廓整饰等。

字体		式样	
宋体	正宋	成都	居民地名称
	宋变	湖海 长江	水系名称
		山西 淮南	
		江苏 杭州	图名 区域名
等线体	粗中细	北京 开封 青州	居民地名称细等作说明
	等变	太行山脉	山峰名称
		珠穆朗玛峰	山峰名称
		北京市	区域名称
仿宋体		信阳县 周口镇	居民地名称
隶体		中国 建元	图名 区域名
魏碑体		浩陵旗	
美术体		台湾省图	名称

图 5-13 字体注记示例

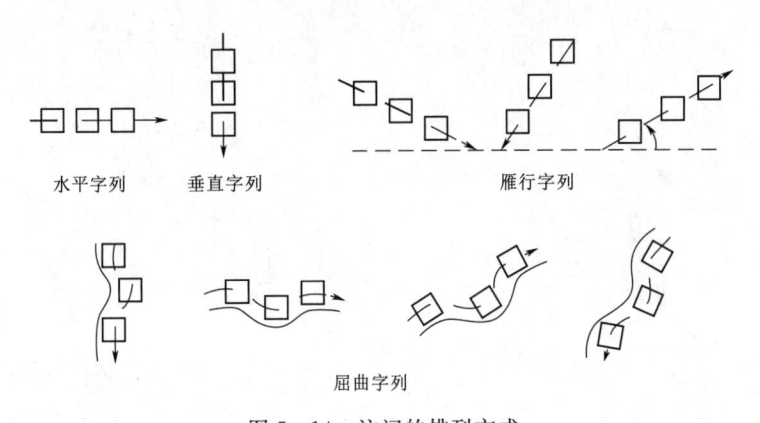

水平字列　　垂直字列　　　　雁行字列

屈曲字列

图 5-14 注记的排列方式

(1) 图名。图名的主要功能是为读图者提供地图的区域和主题的信息。地图的图名要求简明图幅的主题，应当突出、醒目。它作为图面整体设计的组成部分，还可看成是一种图形，可以帮助取得更好的整体平衡。一般可放在图廓外的北上方，或图廓内以横排或竖排的形式放在左上、右上的位置。字体要与图幅大小相称，以等线体或美术体为主。

(2) 比例尺。比例尺一般放在图名或图例的下方，也可放置在图廓外下方中央或图廓内上方图名下处。

(3) 图例。图例符号是专题内容的表现形式，图例中符号的内容、尺寸和色彩应与图内一致，多半放在图的下方。

(4) 附图。附图是指主图外加绘的图件，在专题地图中，它的作用主要是补充主图的不足。专题地图中的附图，包括重点地区扩大图、内容补充图、主图位置示意图、图表等。附图放置的位置应灵活。

(5) 文字说明。专题地图的文字说明和统计数字，要求简单扼要，一般安排在图例中或图中空隙处。其他有关的附注也应包括在文字说明中。

(6) 图廓整饰。单幅地图一般都以图框作为制图的区域范围。挂图的外图廓形状比较复杂。桌面用图的图廓都比较简练，有的就以两根内细外粗的平行黑线显示内外图廓。有的在图廓上表示有经纬度分划注记，有的为检索而设置了纵横方格的刻度分划。

专题地图的总体设计，一定要视制图区域形状、图面尺寸、图例和文字说明、附图及图名等多方面内容和因素具体灵活运用，使整个图面生动，可获得更多的信息。

复习思考题

1. GIS 的输出产品有哪些形式？它们各自通过什么设备输出？
2. 地图版面设计的内容有哪些？
3. 如何理解地图符号在地图设计的重要性？
4. 简述 GIS 中数据符号化的作用。
5. 地图语言有哪些内容？

第二部分　GIS 软 件 实 践

　　为更好培养学生的 GIS 实践动手能力，本教材在理论学习的同时，精心设计了若干与之相适应的 GIS 软件技能训练，软件采用目前主流的 ArcGIS 软件。学生通过本课程的学习，毕业后可以较好地融入企业的生产过程。

　　技能训练的内容按照地理信息项目采集、处理、分析和应用等过程，安排了 ArcGIS 应用基础、空间数据采集、空间数据处理、空间数据分析和空间数据可视化表达 5 个实训任务，逐步掌握 GIS 的操作能力，从而达到解决实际问题的效果。

模块六

ArcGIS 应用基础

任务 6-1　ArcMap 入门

一、新建地图文档

（1）从开始菜单，或双击桌面的快捷方式，可以启动 ArcMap，如图 6-1 所示。

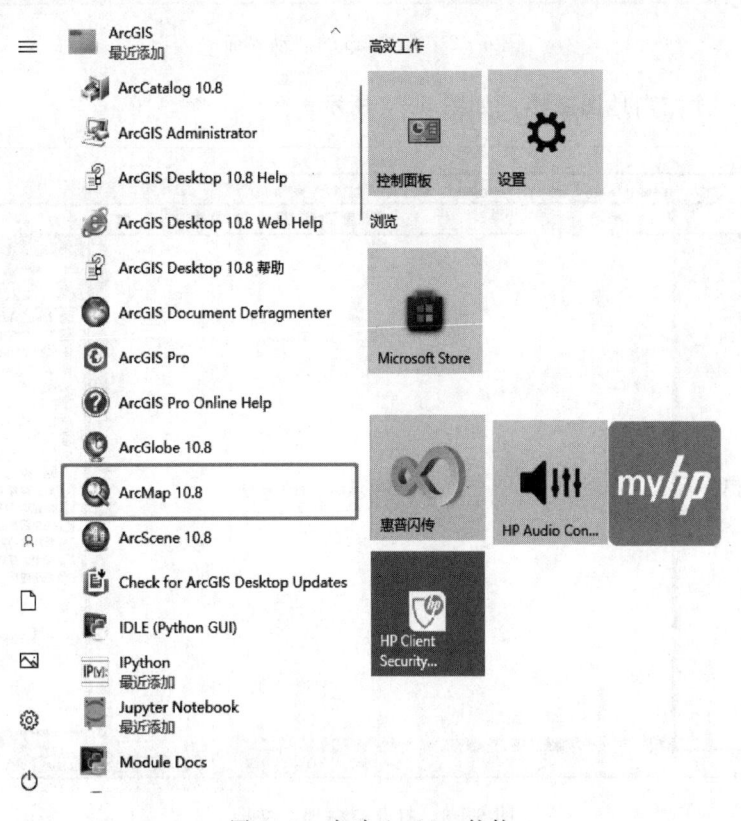

图 6-1　启动 ArcMap 软件

（2）弹出【ArcMap-启动】窗口，选择【新建地图】→【我的模板】→【空白地图】（如果不想每次启动 ArcMap 都弹出【ArcMap-启动】窗口，勾选【以后不再显示此对话框】),单击【确定】,如图 6-2 所示。

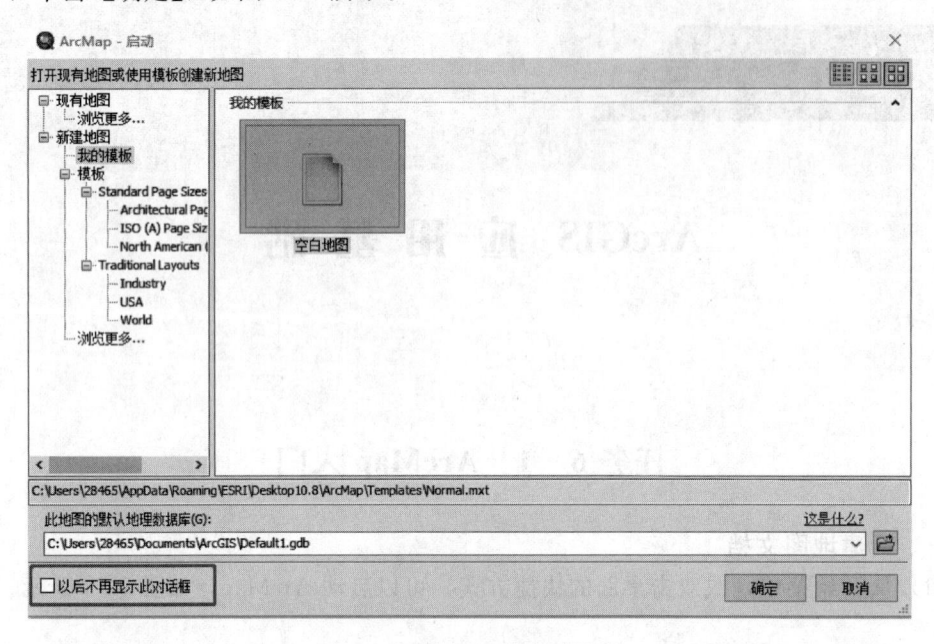

图 6-2 ArcMap 的启动界面

(3) 打开一个空白地图文档,如图 6-3 所示。

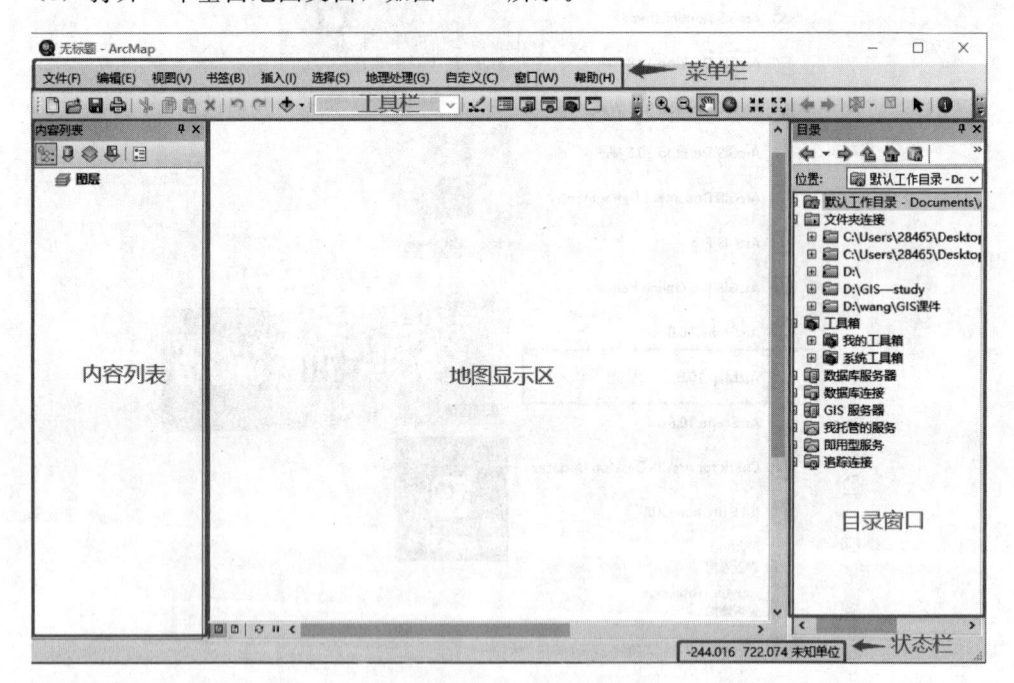

图 6-3 打开空白地图文档

打开地图文档的界面一般由菜单栏、工具栏、内容列表、地图显示区、目录窗口和状态栏等部分组成,该界面随着使用者的设置会有所不同。

菜单栏包括【文件】【编辑】【视图】【书签】【插入】【选择】【地理处理】【自定义】【窗口】和【帮助】10 个子菜单。单击子菜单可显示若干功能。图 6-4 为打开【文件】子菜单，图 6-5 为打开【帮助】子菜单。

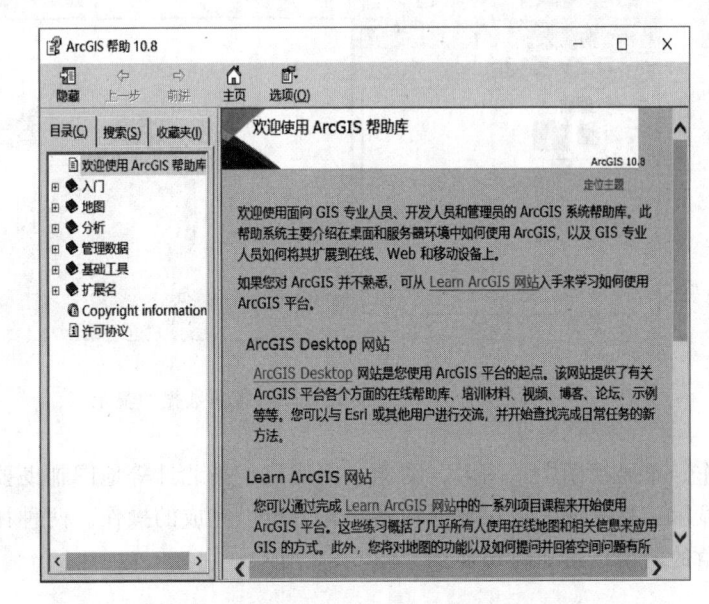

图 6-4　打开【文件】子菜单　　　　图 6-5　打开 ArcGIS Desktop 帮助

工具栏包括加载地图数据、设置显示比例尺、编辑器工具条、内容列表窗口、启动目录窗口、启动工具箱窗口、启动搜索窗口以及放大、缩小、平移、全图、固定比例放大、固定比例缩小、选择元素、选择要素等按钮，如图 6-6 和图 6-7 所示。

图 6-6　标准工具

图 6-7　数据视图下的显示工具

内容列表窗口用于显示地图所包含的数据框（图层）、数据层、地理要素及其显示状态。可以控制数据框、数据层的显示与否，也可以设置地理要素的表示方法。

一个地图文档至少包含一个数据框，当有多个数据框时，只有一个数据框属于当前数据框，其名称以加粗字体显示，只能对当前数据框进行操作。每个数据框由若干数据层组成，每个数据层前面的小方框用于控制数据层在地图中的显示与否，如图 6-8 所示。

地图显示窗口用于显示地图包括的所有地理要素。ArcMap 提供了两种地图显示状态：数据视图和布局视图。数据视图中，用户可以对数据进行查询、检索、编辑和分析等

87

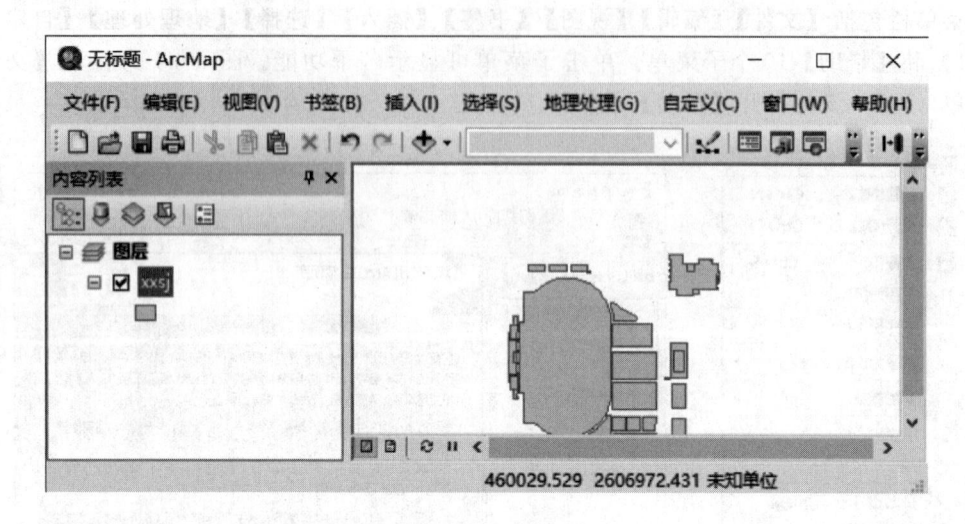

图 6-8 控制数据的显示

操作。布局视图中，图名、图例、比例尺、指北针等地图辅助要素可加载其中，可借助输出显示工具完成大量在数据视图状态下可以完成的操作。两种视图方式可通过显示窗口左下角的两个按钮随时切换，如图 6-9 所示。

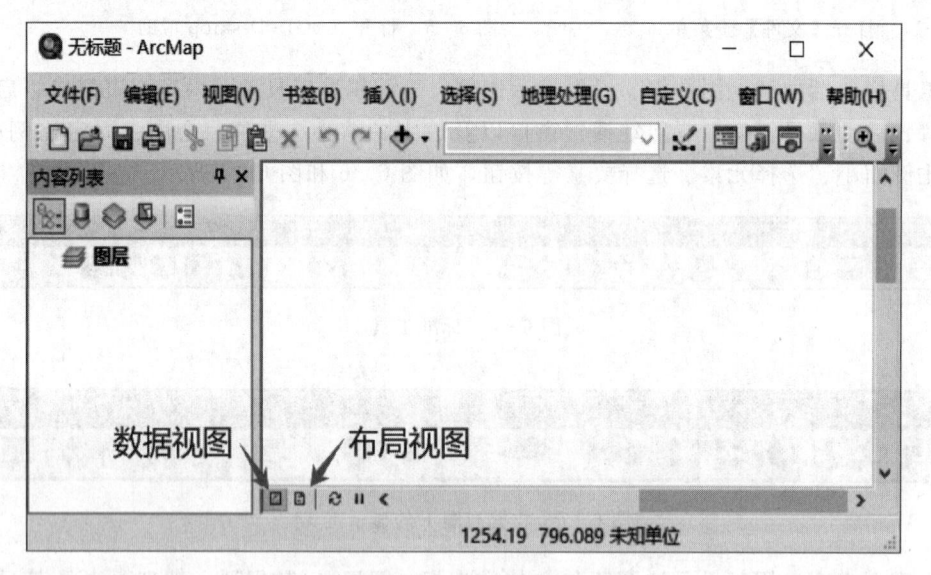

图 6-9 地图显示窗口

目录窗口提供了一个包含文件夹和地理数据库的树视图。文件夹用于整理 ArcGIS 文档和文件，地理数据库用于整理 GIS 数据集。

状态栏用于显示鼠标的位置坐标及功能操作的状态等信息。

（4）快捷菜单。在 ArcMap 窗口的不同部位单击右键，会弹出不同的快捷菜单。经常使用的快捷菜单主要有 4 种。

1) 数据框操作快捷菜单。在内容列表的当前数据框上单击右键，可打开数据框操作快捷菜单，用于对数据框及其包含的数据层进行操作，如图 6-10 所示。

2) 数据层操作快捷菜单。在内容列表中的任意数据层上单击右键，可打开数据层操作快捷菜单，用于对数据层及要素属性进行各种操作，如图 6-11 所示。

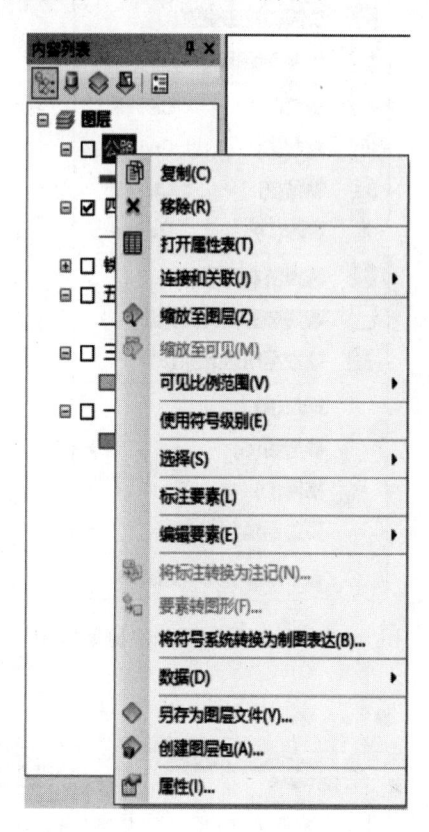

图 6-10　数据框操作快捷菜单　　图 6-11　数据层操作快捷菜单

3) 地图输出操作快捷菜单。在布局视图中单击右键，可打开地图输出操作快捷菜单，用于设置输出地图的图面内容，图面尺寸和图面整饰等，如图 6-12 所示。

4) 窗口工具设置快捷菜单。将鼠标放在 ArcMap 窗口中的主菜单、工具栏等空白栏处单击右键，可以打开窗口工具设置快捷菜单，用于设置主菜单、标准工具、数据显示工具、绘图工具、编辑工具、标注工具及空间分析工具等在 ArcMap 窗口中的显示与否，如图 6-13 所示。

5) 若想更改软件界面的语言显示，可按如下步骤设置：开始菜单→【ArcGIS】→【ArcGIS Administrator】，单击右下角【高级】，设置显示的语言，如图 6-14 和图 6-15 所示。

二、添加地理数据

(1) 添加不同格式的地理数据，包括 Geodatabase 中的要素类、Shapefile 要素类、栅格数据等。

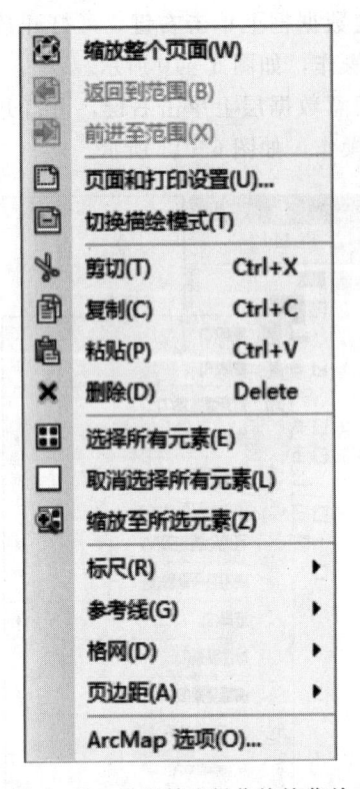

图 6-12　地图输出操作快捷菜单　　　　图 6-13　工具设置快捷菜单

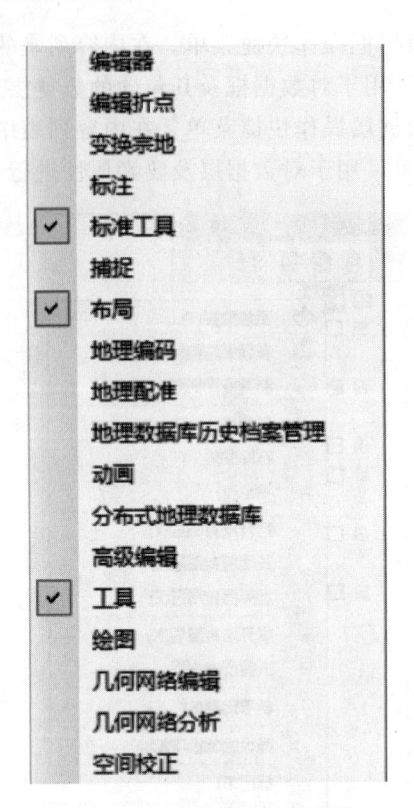

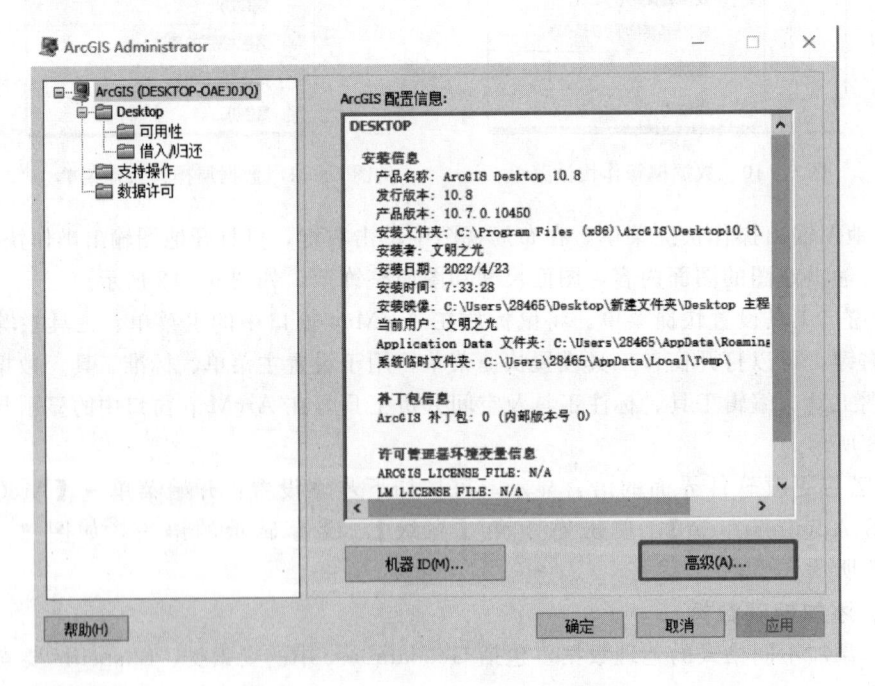

图 6-14　ArcGIS Administrator 界面

图 6-15　ArcGIS Administrator 语言设置

（2）在标准工具条上，单击【添加数据】，如图 6-16 所示；或单击菜单【文件】→【添加数据】→【添加数据】，如图 6-17 所示。

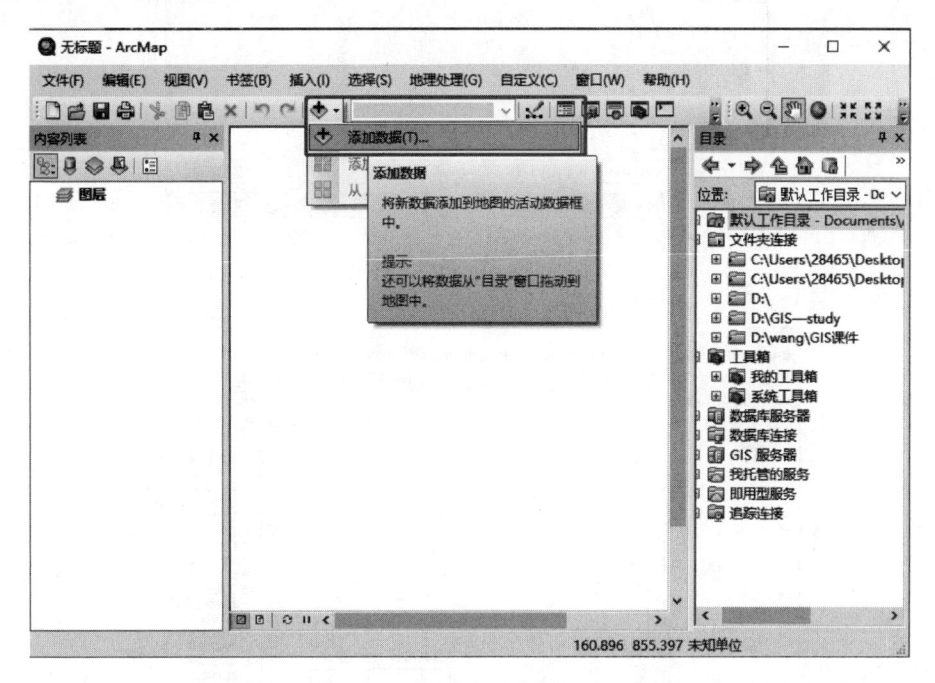

图 6-16　通过工具条添加数据

（3）弹出【添加数据】窗口，单击【连接到文件夹】，如图 6-18 所示。
（4）找到对应的文件夹和数据，单击【添加】，数据加载到地图窗口中，如图 6-19 所示。

图 6-17 通过文件子菜单添加数据

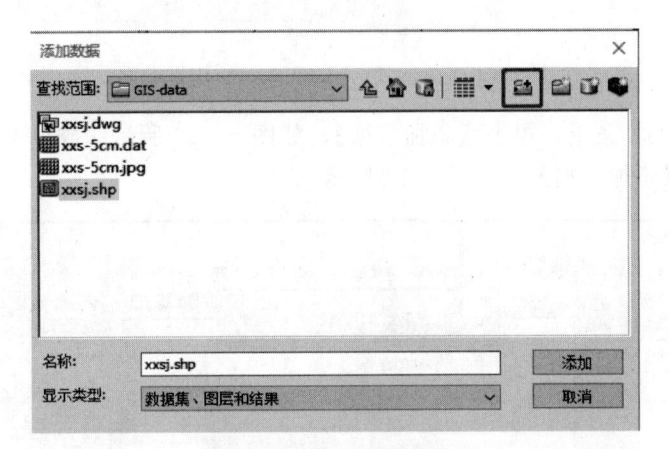

图 6-18 连接到文件夹

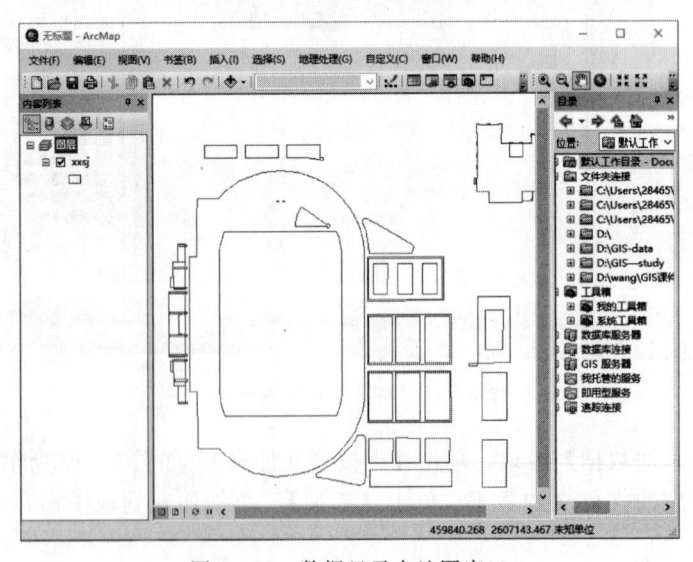

图 6-19 数据显示在地图窗口

任务 6-2　ArcCatalog 入门

一、启动 ArcCatalog

（1）在开始菜单启动，如图 6-20 所示。

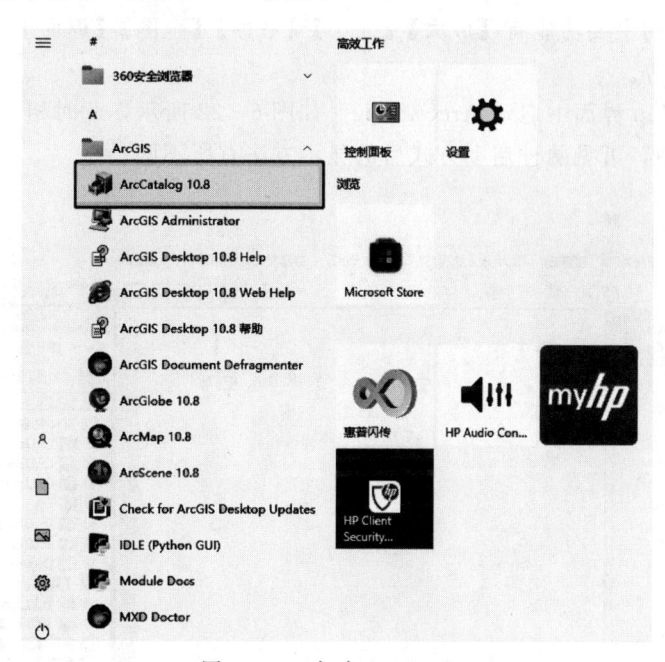

图 6-20　启动 ArcCatalog

启动后的界面如下，由菜单栏、工具栏、目录树和数据预览等部分组成，如图 6-21 所示。

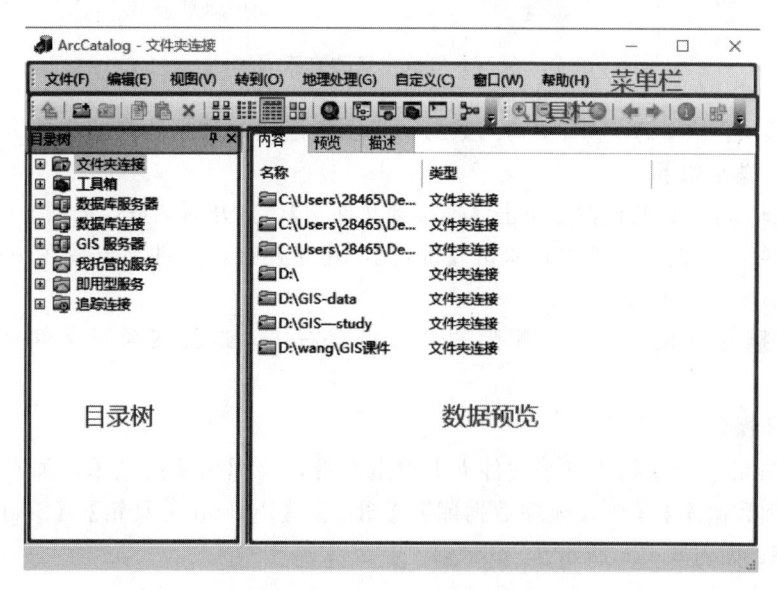

图 6-21　ArcCatalog 的界面

菜单栏包括【文件】【编辑】【视图】【转到】【地理处理】【自定义】【窗口】和【帮助】8个菜单。

工具栏包括【标准工具】和【地理视图】工具条。

【标准工具】的主要功能有【连接到文件夹】【断开与文件夹的连接】【复制】【粘贴】【删除】【大图标】【列表】【启动 ArcMap】【目录树】【搜索】【ArcToolbox】等。

【地理视图】的主要功能有【放大】【缩小】【平移】【全图】【返回上一视图】【转至下一视图】【识别】等。

（2）在 ArcMap 界面中启动 ArcCatalog，如图 6-22 所示，此时相当于将 ArcCatalog 集成在 ArcMap 中，可见两种启动方式后的显示方法有所不同。

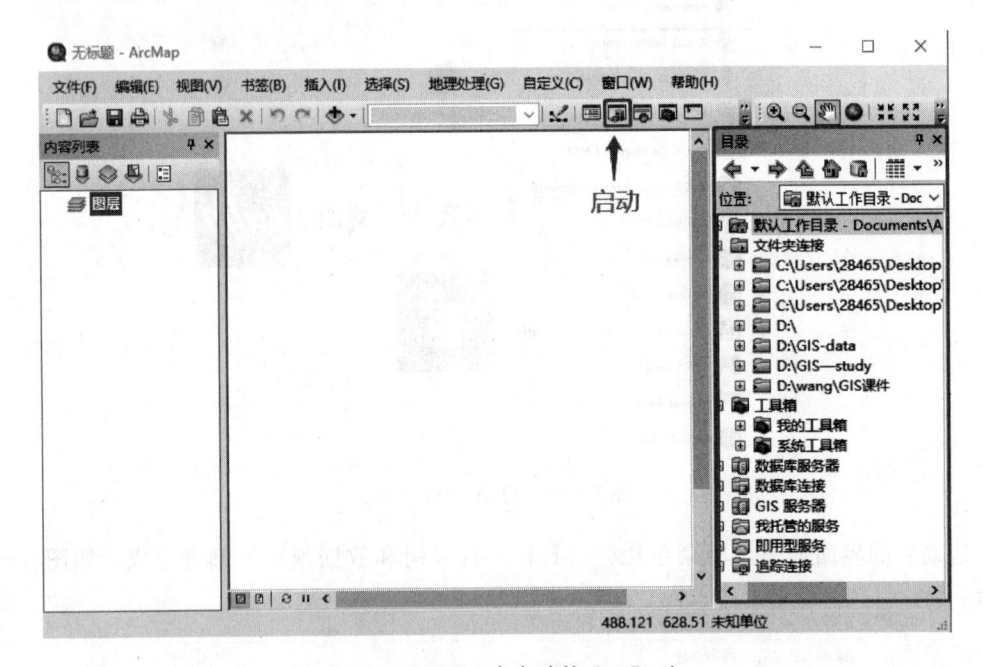

图 6-22 ArcMap 中启动的 ArcCatalog

（3）连接文件夹。ArcGIS 要访问数据，必须先连接到数据所在的文件夹，只有连接后才能访问。操作如下：

1）在 ArcCatalog 工具栏上单击【连接到文件夹】，打开对话框，如图 6-23 所示。

2）选择数据所在的文件夹，单击【确定】，建立连接，文件夹出现在 ArcCatalog 目录树中，如图 6-24 所示。

3）若要删除连接，在需要删除的文件夹上右击，选择【断开文件夹连接】，如图 6-25 所示。

二、快捷操作

在 ArcCatalog 目录树中某个文件夹上单击右键，会弹出快捷菜单，如在【新建】中有【文件地理数据库】【个人地理数据库】【图层】【Python 工具箱】【Shapefile（S）】【工具箱】等，如图 6-26 所示。

ArcCatalog 入门 **任务 6-2**

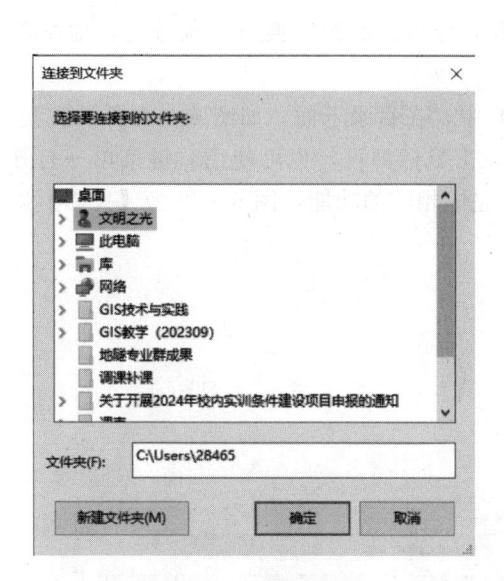

图 6-23 连接到文件夹

图 6-24 文件夹出现在目录中

图 6-25 断开文件夹连接

图 6-26 目录树中的快捷菜单

95

任务 6-3　ArcToolbox 入门

一、工具箱简介

ArcToolbox，即 ArcGIS 工具箱，是地理处理工具的集合，其内部提供了极其丰富的地学数据处理工具，可以完成针对数据的空间分析、数据转换、三维分析、地图制图等功能。

ArcToolbox 集成在 ArcCatalog（目录）中，在目录下面，如图 6-27 所示。

在 ArcToolbox 中运行某个工具，只要双击鼠标即可，也可使用右键菜单→打开，出现相应的操作界面，选中操作数据或参数，完成相应的功能，图 6-28 为【投影】工具的操作界面。

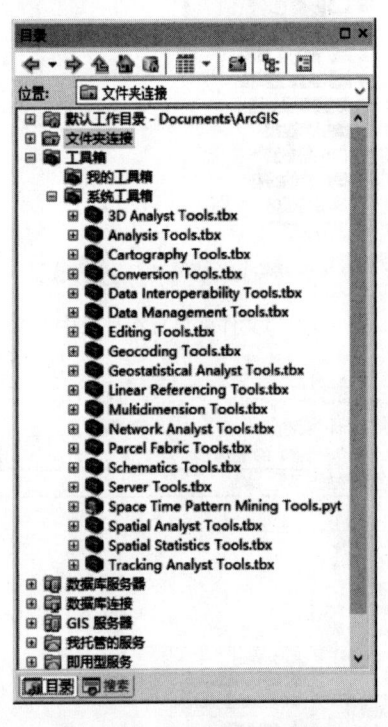

图 6-27　目录中的工具箱　　　　图 6-28　【投影】工具的操作界面

二、常用工具集简介

1. 3D Analyst Tools：三维分析工具箱

该工具箱用于创建、修改和分析 TIN、栅格及 Terrain 表面，然后从这些对象中提取信息和要素。可使用 3D Analyst 中的工具执行以下操作：将 TIN 转换为要素；通过提取高度信息从表面创建 3D 要素；栅格插值信息；对栅格进行重新分类；从 TIN 和栅格获取高度、坡度、坡向和体积信息。

2. Analysis Tools：分析工具箱

该工具箱包含一组功能强大的工具，用于执行大多数基础 GIS 操作。借助此工具箱中的工具，可执行叠加、创建缓冲区、计算统计数据、执行邻域分析以及更多操作。当需要解决空间问题或统计问题时，应在"分析"工具箱中选取适合的工具。

3. Cartography Tools：制图分析工具箱

该工具箱生成并优化数据以支持地图创建，包括创建注记和掩膜、简化要素和减小要素密度、细化和管理符号化要素、创建格网和经纬网以及管理布局的数据驱动页面。

4. Conversion Tools：转换工具箱

该工具箱包含一系列用于在各种格式之间转换数据的工具。

5. Data Management Tools：数据管理工具箱

该工具箱提供了一组丰富多样的工具，用于对要素类、数据集、图层和栅格数据结构进行开发、管理和维护。

6. Editing Tools：编辑工具

该工具箱可以将批量编辑应用到要素类中的所有（或所选）要素，是 ArcGIS 10 之后才提供的工具条。

7. Geostatistical Analyst Tools：地统计工具箱

该工具箱可通过存储于点要素图层或栅格图层的测量值，或使用多边形质心轻松创建连续表面或地图。采样点可以是高程、地下水位深度或污染等级等测量值。与 ArcMap 结合使用时，地统计分析可提供一组功能全面的工具，以创建可用于显示、分析和了解空间现象的表面。

8. Network Analyst Tools：网络分析工具箱

网络分析工具箱包含可执行网络分析和网络数据集维护的工具。使用此工具箱中的工具，用户可以维护用于构建运输网模型的网络数据集，还可以对运输网执行路径、最近设施点、服务区、起始—目的地成本矩阵、多路径派发（VRP）和位置分配等方面的网络分析。用户可以随时使用此工具箱中的工具执行对运输网的分析。

9. Spatial Analyst Tools：空间分析工具箱

扩展模块为栅格（基于像元的）数据和要素（矢量）数据提供一组类型丰富的空间分析和建模工具。使用 3D Analyst Tools、Geostatistical Analyst Tools、Network Analyst Tools 和 Spatial Analyst Tools 需要扩展模块支持，具体操作：【ArcMap】→自定义菜单→选择对应扩展模块，如图 6-29 所示。

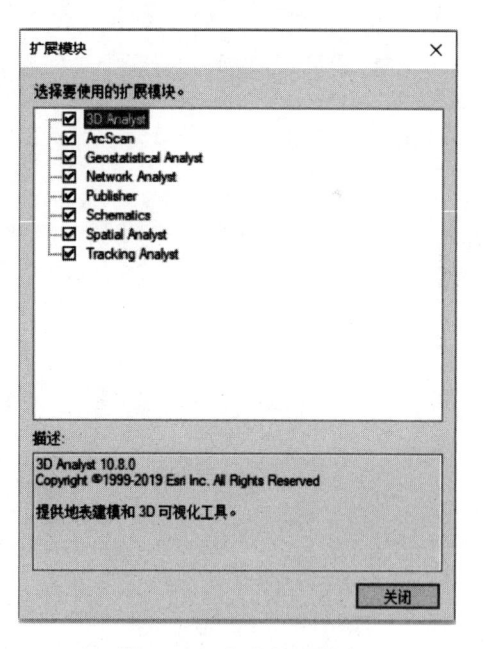

图 6-29 加载扩展模块

三、查找工具

有时要使用的工具不知在工具箱的具体位置，可以使用软件提供的搜索工具，找到相应的工具，如搜索【镶嵌】工具，结果如图 6-30 所示。

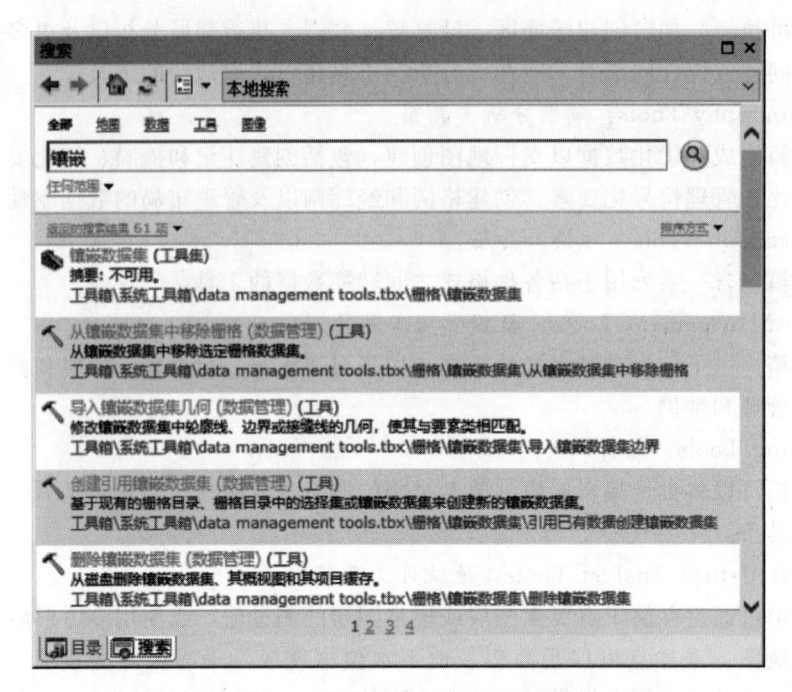

图 6-30 搜索【镶嵌】工具的结果

模块七

ArcGIS 空间数据采集

任务 7-1　图形数据采集

一、创建 Shapefile 文件

打开 ArcCatalog，在目录树中右键单击要存放 Shapefile 文件的文件夹，在弹出的菜单中单击【新建】→【Shapefile】，如图 7-1 所示。

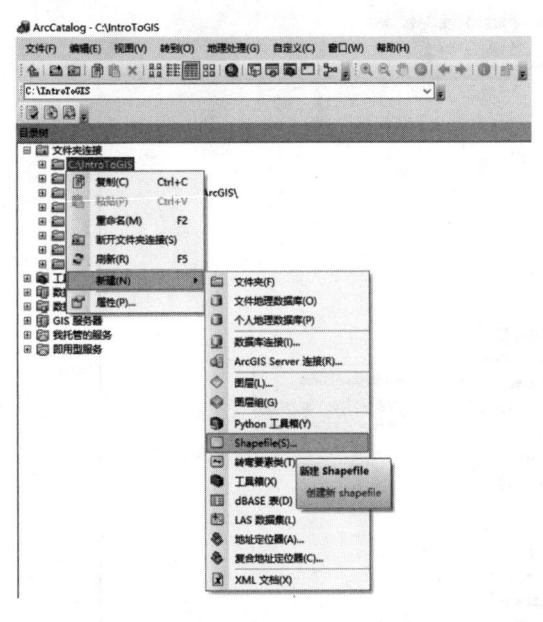

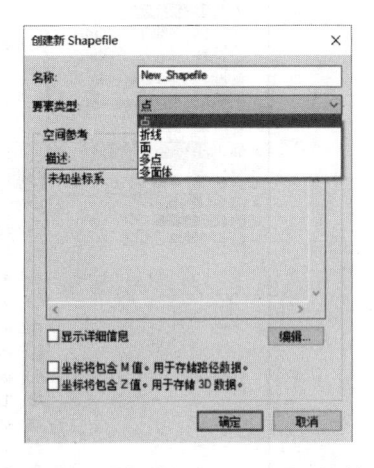

在打开【创建新 Shapefile】对话框中，设置文件的【名称】和【要素类型】。要素类型有点、折线、面、多点和多面体，如图 7-2 所示。

图 7-1　打开【创建新 Shapefile】对话框　　图 7-2　【创建新 Shapefile】对话框

单击【编辑】按钮，打开【空间参考属性】对话框，可定义 Shapefile 的坐标系统，如图 7-3 所示。

单击【确定】按钮，返回【创建新 Shapefile】对话框。若勾选【坐标将包含 M 值。

用于存储路径数据】复选框，则表示 Shapefile 要存储表示路径的折线。若勾选【坐标将包含 Z 值。用于存储 3D 数据】，则表示 Shapefile 将存储三维要素。单击【确定】按钮，完成新建 Shapefile 文件的操作，新建的 Shapefile 文件将出现在文件夹中。

二、创建 Geodatabase

1. 创建地理数据库

打开 ArcCatalog，在目录树中右键单击要建立新地理数据库的文件夹，在弹出的菜单中，单击【新建】→【文件地理数据库】，如图 7-4 所示。在目录树窗口，将出现"新建文件地理数据库.gdb"，输入名称后按 Enter 键，建成一个空的文件地理数据库。

2. 创建要素数据集

在 ArcCatalog 目录树中，右键单击要建立新要素集的地理数据库，在弹出的菜单中，单击【新建】→【要素数据集】，如图 7-5 所示。

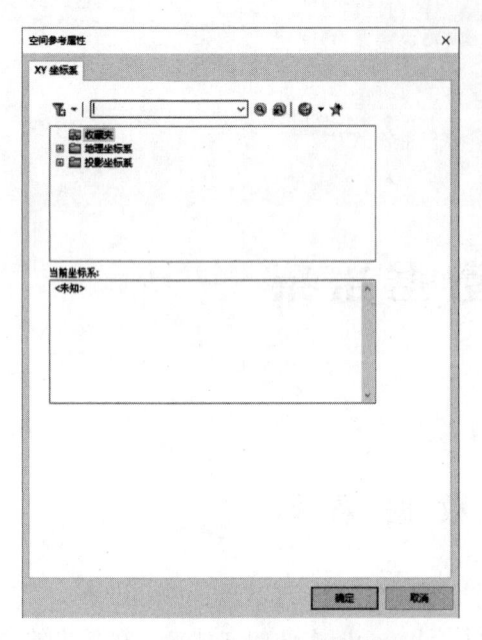

图 7-3　【空间参考属性】对话框

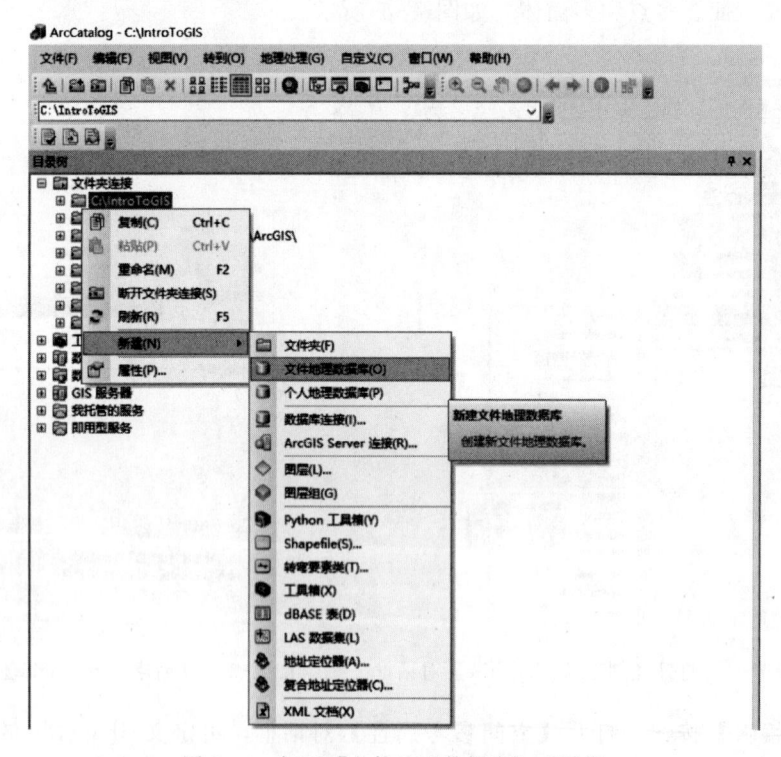

图 7-4　打开【文件地理数据库】对话框

打开【新建要素数据集】对话框，在【名称】文本框中输入要素数据集的名称，如图 7-6 所示。

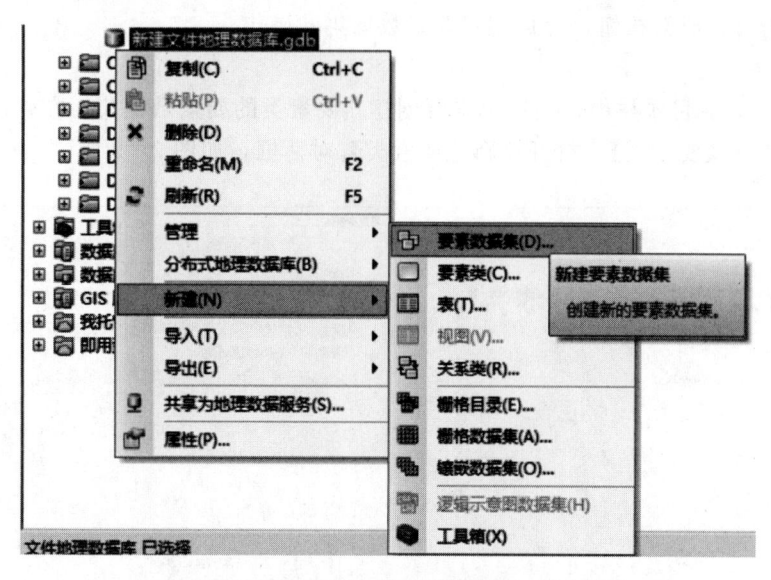

图 7-5　打开【新建要素数据集】对话框

单击【下一页】按钮，打开选择坐标系页面，如图 7-7 所示。选择要素数据集要使用的空间参考，可以选择为地理坐标系、投影坐标系或不设置参考坐标系。

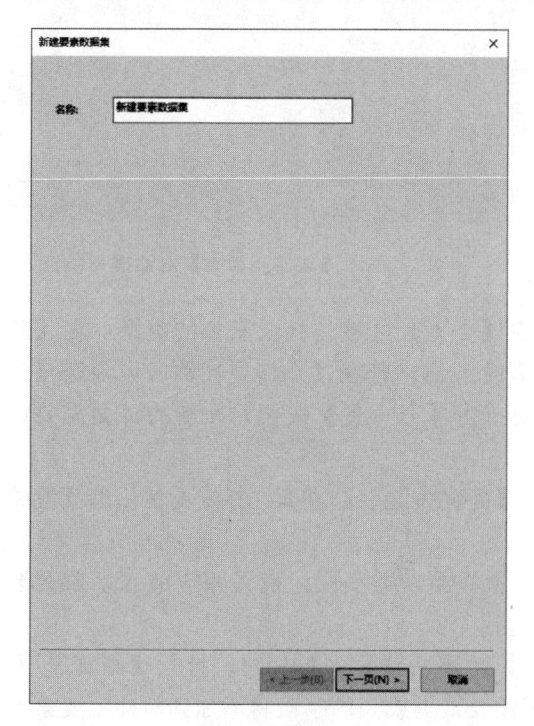

图 7-6　【新建要素数据集】对话框一　　　图 7-7　【新建要素数据集】对话框二

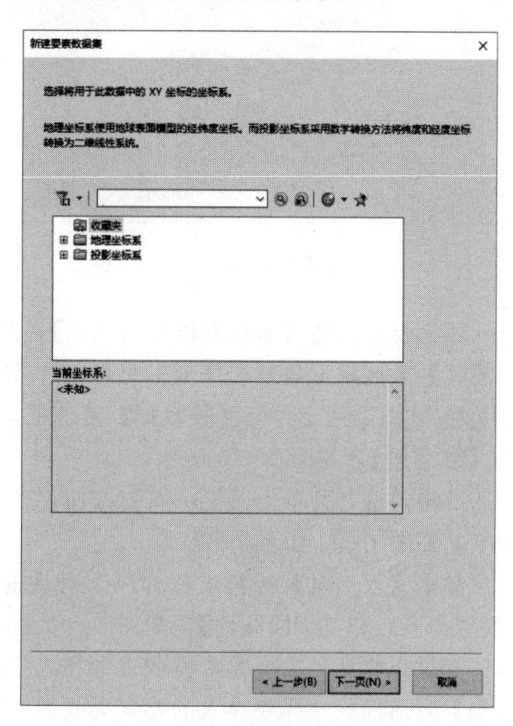

单击【下一页】按钮，打开相关容差设置页面，如图7-8所示。设置【XY容差】【Z容差】和【M容差】值，一般情况下勾选【接受默认分辨率和属性域范围（推荐）】复选框。单击【完成】按钮，完成创建要素数据集的操作。

3. 创建要素类

在ArcCatalog目录树中，右键单击要创建新要素类的要素数据集，在弹出的菜单中，单击【新建】→【要素类】，打开【新建要素类】对话框，如图7-9所示。

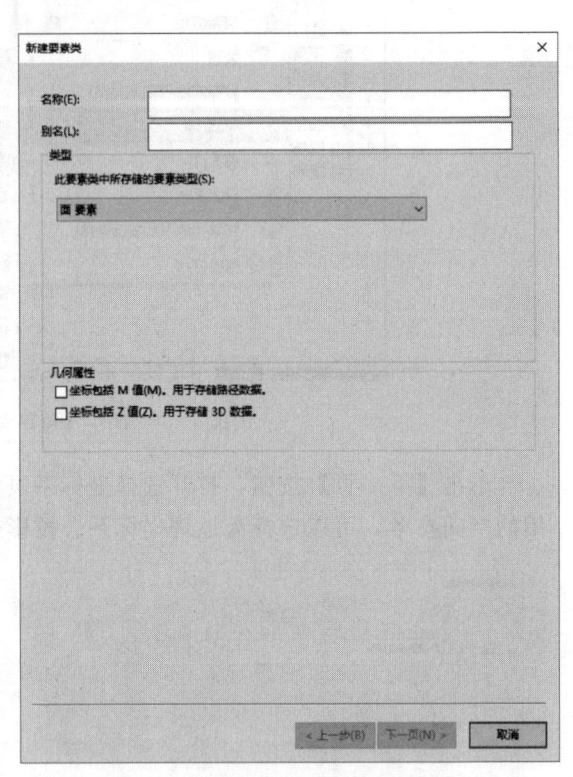

图7-8 【新建要素数据集】对话框　　　　图7-9 【新建要素类】对话框一

输入要素类的【名称】以及【别名】，并在【类型】区域选择要素类的类型，在【几何属性】区域根据需要选择坐标是否包含M值或Z值，若在【几何属性】区域勾选【坐标包括M值。用于存储路径数据】复选框，则单击【下一页】按钮，在新的页面需要设置【M容差】，如图7-10所示。

若未勾选，则单击【下一页】按钮，弹出【配置关键字】页面，指定要使用的配置关键字，如图7-11所示。

单击【下一页】按钮，打开以下对话框。添加要素类字段，设置相应的【字段名】、【数据类型】和【字段属性】，如图7-12所示。

如果想要从另一个要素类或表中导入字段，可单击【导入】按钮，打开【浏览表/要素类】对话框，选择要导入的要素类或表，则该要素类或表的字段将添加到新建的要素类字段中。单击【完成】按钮，完成创建要素类的操作，如图7-13所示。

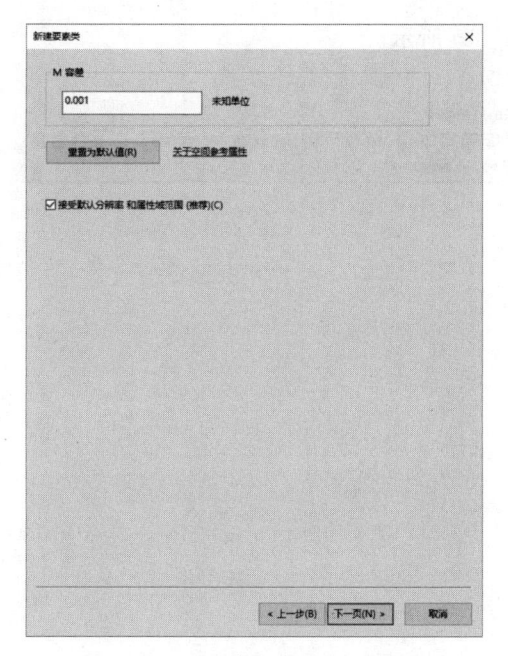

图 7-10 【新建要素类】对话框二

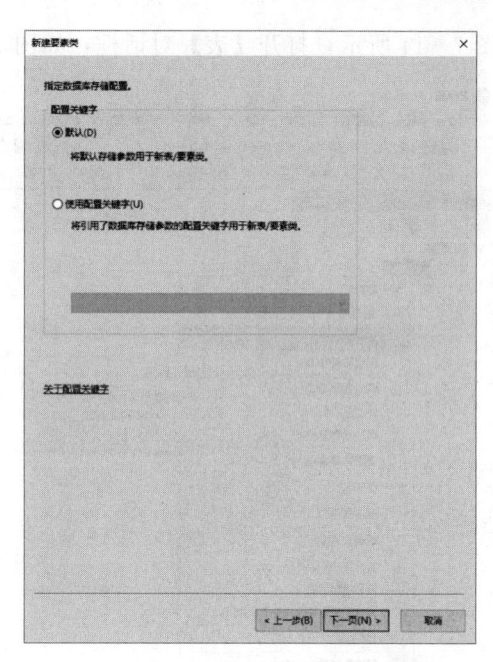

图 7-11 【新建要素类】对话框三

图 7-12 【新建要素类】对话框四

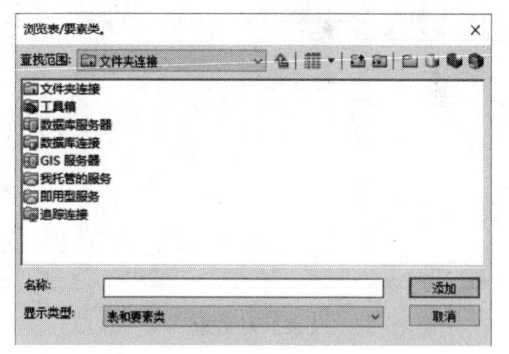

图 7-13 【浏览表/要素类】对话框

任务 7-2 属性数据采集

一、添加和删除字段

1. 添加字段

在【内容列表】中，右键单击目标数据图层，在弹出的菜单中单击【打开属性表】，如图 7-14 所示，打开【表】对话框，如图 7-15 所示。

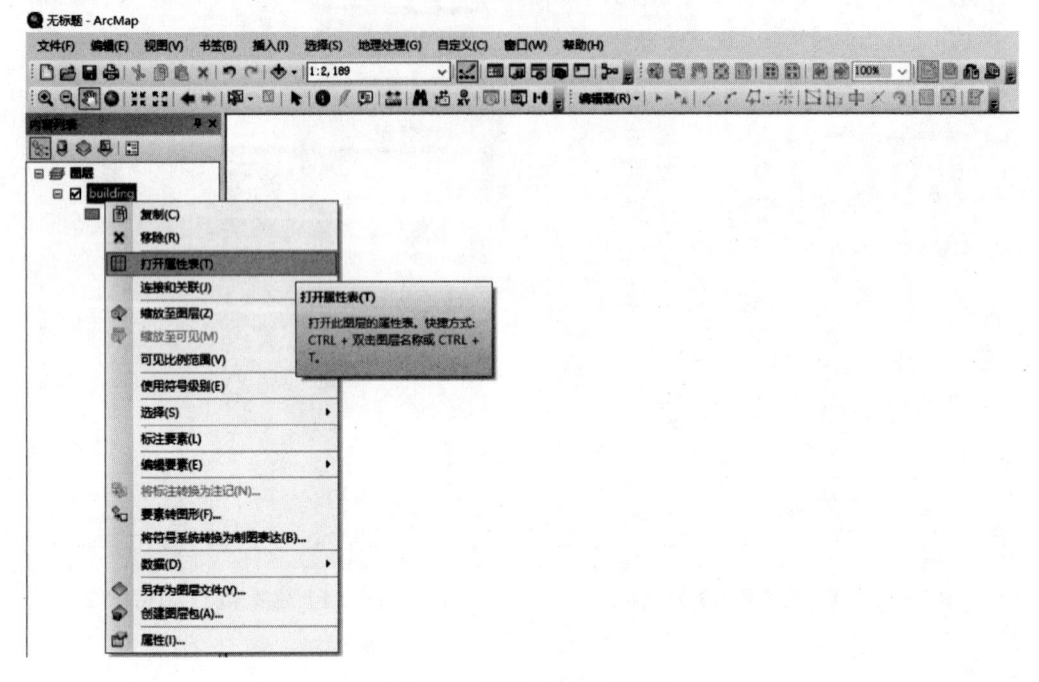

图 7-14　打开【表】对话框

图 7-15　【表】对话框

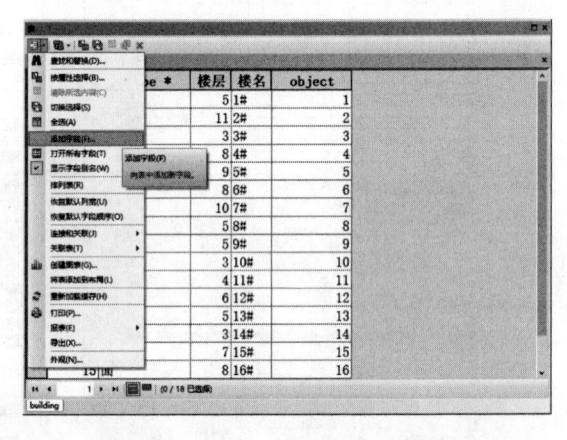

图 7-16　打开【添加字段】对话框

在属性表工具栏中，单击【表选项】→【添加字段】，如图 7-16 所示，打开【添加字段】对话框，在【名称】文本框中输入待添加字段的名称，在【类型】下拉框中选择合适的数据类型，在【字段属性】区域设置相应的参数，单击【确定】按钮，完成添加字段的操作，如图 7-17 所示。

2. 删除字段

在属性表中，左键单击需要删除的字段（此时字段整列高亮显示），右键单击字段，在弹出的菜单中选择【删除字段】选项，完成删除字段的操作，如图 7-18 所示。

图 7-17 【添加字段】对话框

图 7-18 【表】对话框

注意，在属性表中添加和删除字段的操作必须在非编辑状态下进行。如果系统处于编辑状态，则应在【编辑器】工具条上单击【编辑器】→【停止编辑】，关闭编辑环境。

二、字段赋值

在【编辑器】工具条上单击【编辑器】→【开始编辑】，进入编辑状态。双击需要赋值的属性单元格，输入新值，即可完成其中一个要素的属性字段赋值，如图 7-19 所示。

图 7-19 【表】对话框

在【编辑器】工具条上单击【编辑器】→【保存编辑内容】即可保存刚刚赋值的结果；单击【停止编辑】可退出编辑状态，如果在退出编辑前未保存编辑的内容，则会弹出【保存】对话框，并询问是否保存编辑的内容，单击【是】按钮可以在退出编辑的同时保存编辑的内容。

任务 7-3 矢 量 化

一、二值化

在【内容列表】中，右键单击栅格数据图层，在弹出的菜单中选择【属性】打开【图层属性】对话框，如图 7-20 所示。

单击【符号系统】选项卡，在左侧【显示】列表中选择【已分类】，右侧【类别】下拉框中选择 2，如图 7-21 所示。

单击【分类】按钮打开【分类】对话框，根据当前栅格数据的色调情况更改【中断值】，可进行多次尝试，目的是让所需要的数据能正确显示出来，然后单击【确定】按钮，在【图层属性】对话框中的【色带】下拉框中选择从黑到白变化的色带，单击【确定】按

105

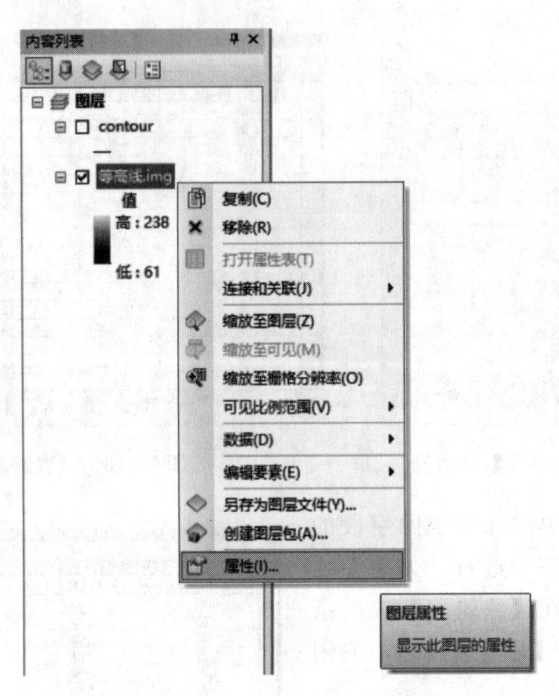

图 7-20　打开【图层属性】对话框

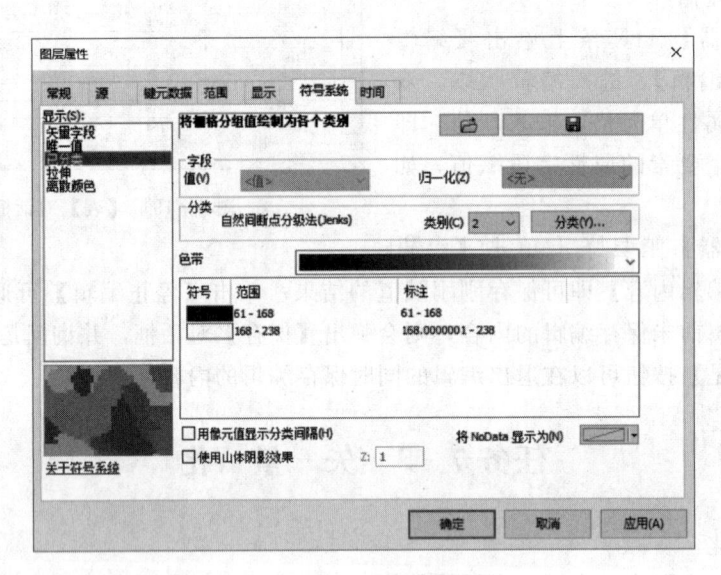

图 7-21　【图层属性】对话框

钮，完成二值化操作，如图 7-22 所示。

二、捕捉设置

（1）使用经典捕捉，在【编辑器】工具条中，单击【编辑器】→【选项】，如图 7-23 所示，打开【编辑选项】对话框，如图 7-24 所示，单击【常规】选项卡，勾选【使用经典捕捉】复选框，单击【确定】按钮。

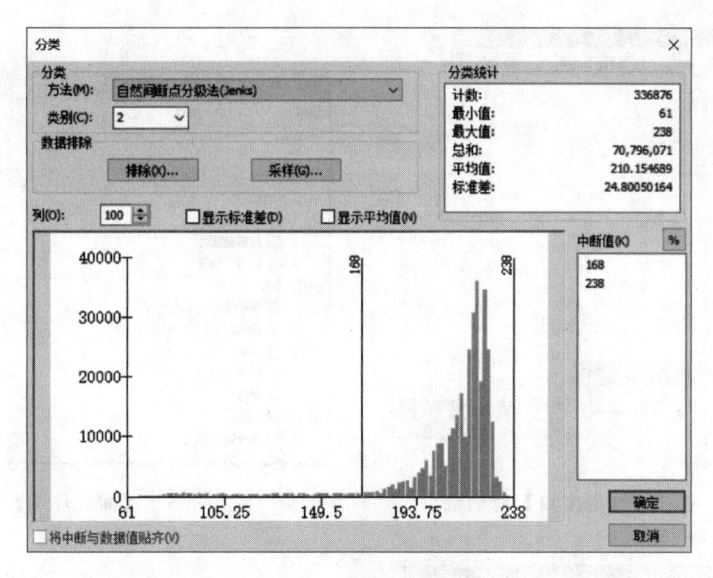

图 7-22 【分类】对话框

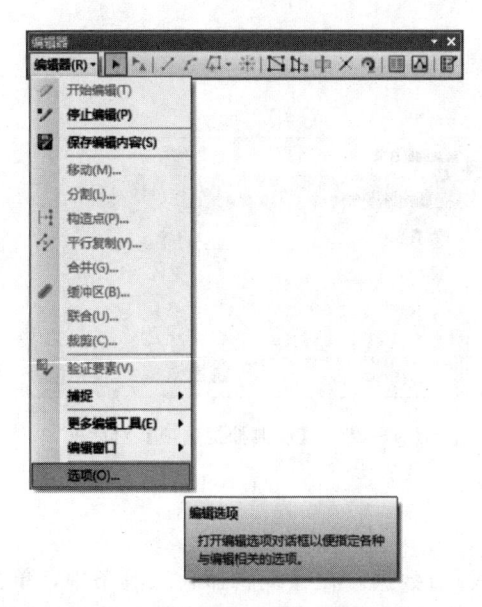

图 7-23 打开【编辑选项】对话框

图 7-24 【编辑选项】对话框

（2）打开捕捉窗口，设置栅格数据捕捉选项。在【编辑器】工具条中，单击【编辑器】→【开始编辑】，单击【编辑器】→【捕捉】→【捕捉窗口】，如图 7-25 所示，打开【捕捉环境】对话框，如图 7-26 所示，勾选【栅格】的【中心线】和【交点】复选框。

（3）捕捉选项，在【编辑器】工具条中，单击【编辑器】→【捕捉】→【选项】，打开【经典捕捉选项】对话框，如图 7-27 所示。

设置【捕捉容差】，建议设置为 7～10，单位为像素，如图 7-28 所示。

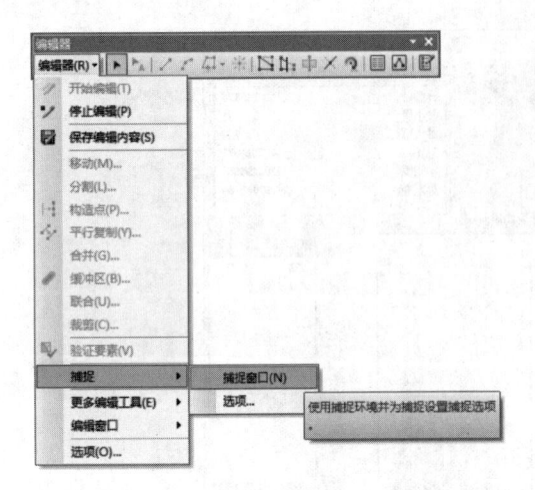

图 7-25　打开【捕捉窗口】对话框　　　　图 7-26　【捕捉环境】对话框

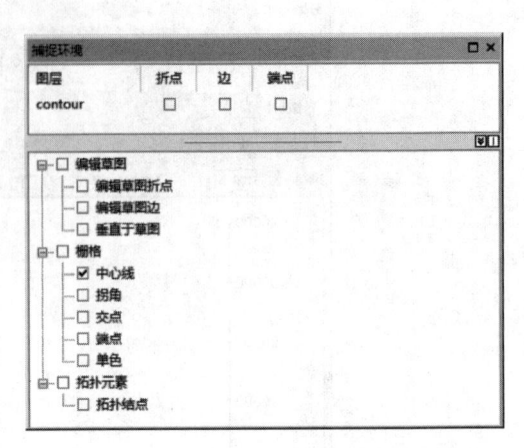

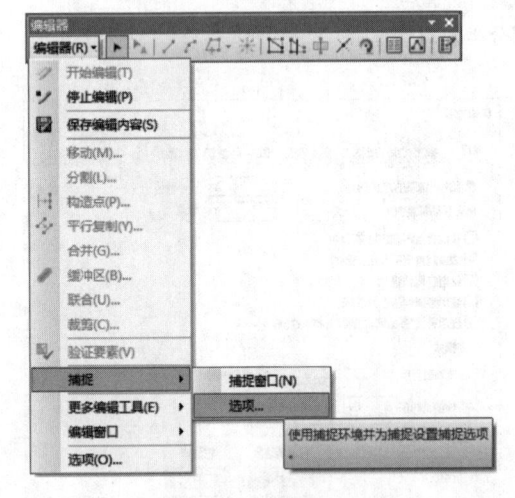

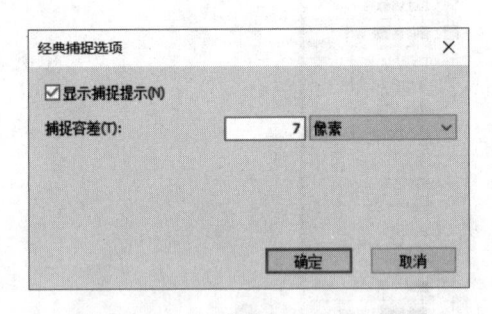

图 7-27　打开【经典捕捉选项】对话框　　图 7-28　【经典捕捉选项】对话框

三、矢量化

1. 手动矢量化

创建一个与栅格数据具有相同坐标系统的线/面数据。在【编辑器】工具条中,单击【编辑器】→【开始编辑】,单击【编辑窗口】→【创建要素】,打开【创建要素】对话框,如图 7-29 所示。

单击线要素"contour",在【构造工具】中选择【线】选项,调整栅格数据视图至要绘制的线要素,沿着线要素进行点击,按 F2 完成绘制,类似的可完成面要素的绘制。单击【编辑器】→【停止编辑】,保存编辑内容,完成矢量化操作,如图 7-30 所示。

2. 半自动矢量化

在 ArcMap 主菜单栏中,单击【自定义】→【扩展模块】,如图 7-31 所示,打开【扩展模块】对话框,勾选【ArcScan】复选框,激活 ArcScan 扩展模块,单击【关闭】按钮,如图 7-32 所示。

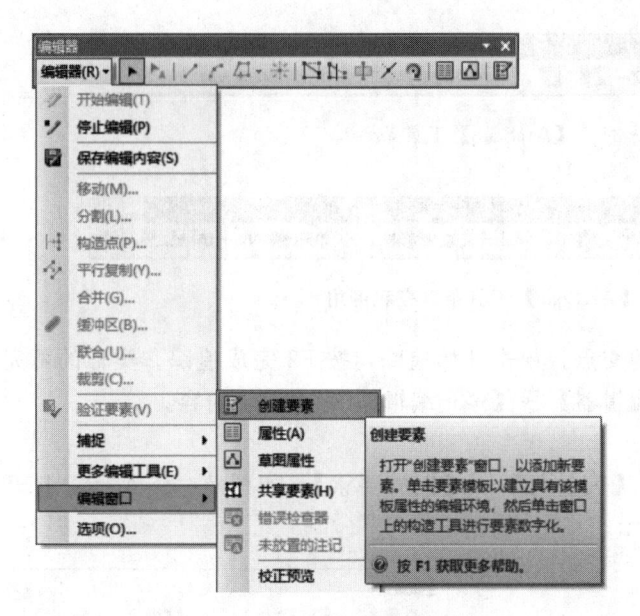

图 7-29 打开【创建要素】对话框　　　图 7-30 【创建要素】对话框

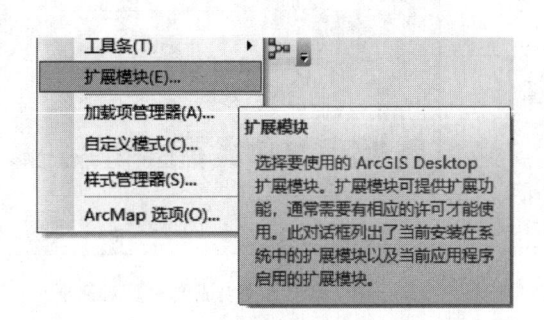

图 7-31 打开【扩展模块】对话框　　　图 7-32 【扩展模块】对话框

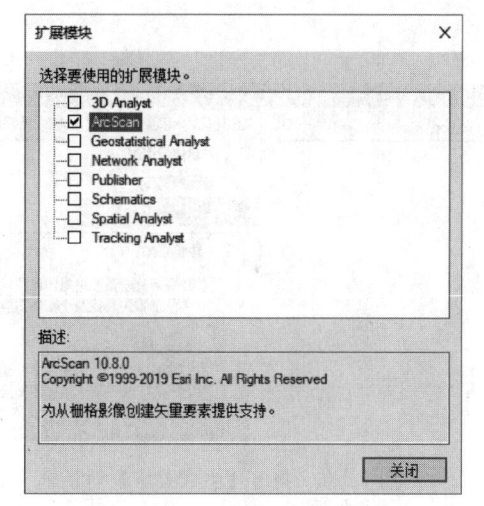

在 ArcMap 主菜单栏中，单击【自定义】→【工具条】→【ArcScan】，如图 7-33 所示，加载【ArcScan】工具条，如图 7-34 所示。

在【编辑器】工具条中，单击【编辑器】→【开始编辑】，启动数据编辑并激活【ArcScan】工具条（亮起可用），如图 7-35 所示。

在【创建要素】对话框，单击线要素"contour"，在【ArcScan】工具条中单击【矢量化追

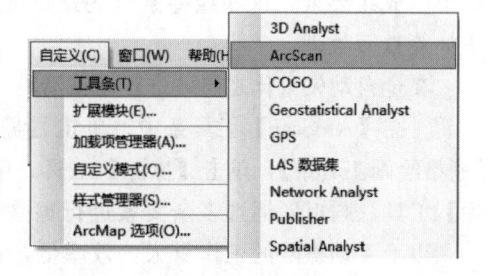

图 7-33 加载【ArcScan】工具条

109

图 7 - 34　【ArcScan】工具条

图 7 - 35　【ArcScan】工具条（亮起可用）

踪】工具，移动鼠标捕捉目标数据的交点，单击开始追踪，按 F2 完成追踪。类似的可完成面状要素的矢量化工作。单击【编辑器】→【停止编辑】，保存编辑内容。

3. 全自动矢量化

在【ArcScan】工具条中，单击【矢量化】→【生成要素】，如图 7 - 36 所示，打开【生成要素】对话框，如图 7 - 37 所示。

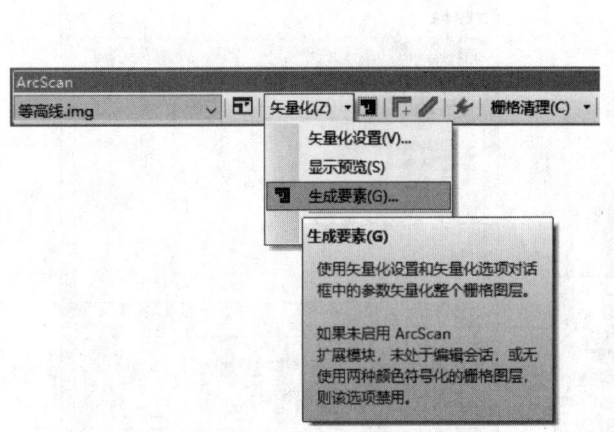

图 7 - 36　打开【生成要素】对话框

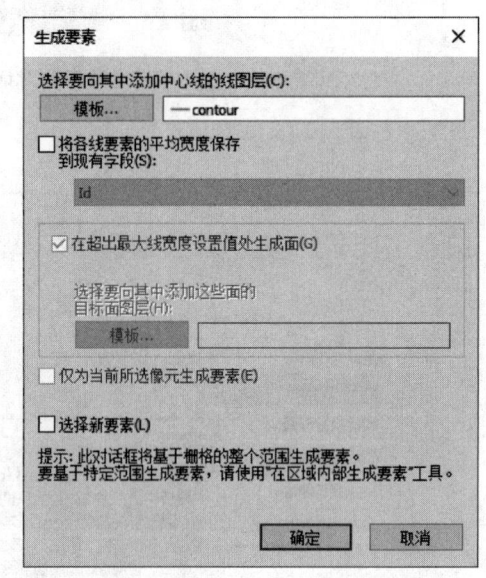

图 7 - 37　【生成要素】对话框

单击【确定】按钮，系统当即开始执行栅格数据矢量化处理，自动在"contour"图层中生成线要素，这些线要素有些是目标数据，有些是噪声，还需要人工进行图形编辑和拓扑检查等处理。

在全自动矢量化之前可进行栅格清理，从栅格图像中移除不在矢量化范围内的多余像素单元。在【ArcScan】工具条中，单击【栅格清理】→【开始清理】，单击【栅格清理】→【栅格绘画工具条】，单击【擦除】工具，单击并按住鼠标擦除多余要素，或者单击【魔术擦除】工具，画矩形框选多余要素进行擦除，如图 7 - 38 所示。

以上手动擦除的工作量大，效率低，可在【ArcScan】工具条中，单击【像元选择】→【选择相连像元】，如图 7 - 39 所示，打开【选择相连像元】对话框，如图 7 - 40 所示。

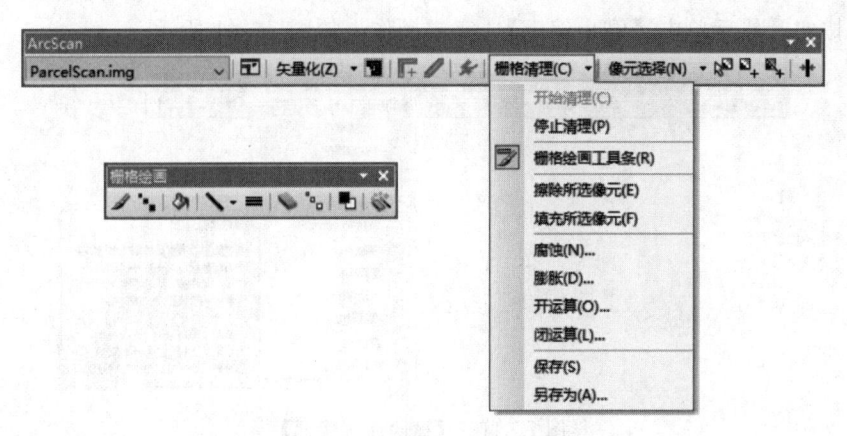

图 7-38 【栅格绘图】工具条

图 7-39 打开【选择相连像元】对话框

图 7-40 【选择相连像元】对话框

在【输入总面积】文本框中输入合适的阈值,单击【确定】按钮,选中栅格数据图层中的文本的所有单元。

单击【栅格清理】→【擦除所选像元】,删除文本信息,然后单击【矢量化】→【生成要素】,将弹出【生成要素】对话框,单击【确定】按钮,生成的新要素。在【编辑器】工具条中,单击【编辑器】→【保存编辑内容】,此时会提示是否保存栅格清理编辑,单击【否】按钮，然后单击【停止编辑】，完成操作，如图7-41所示。

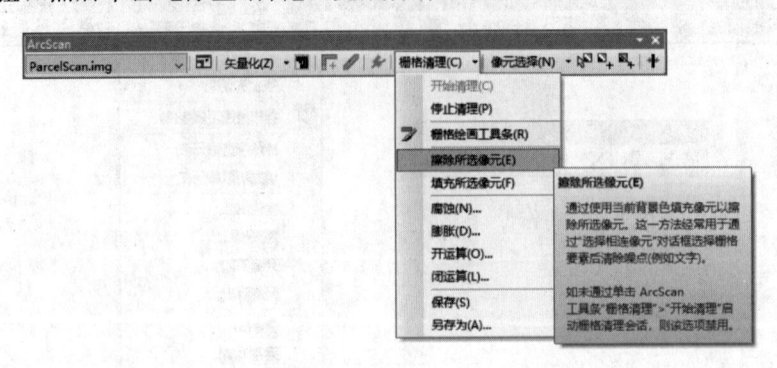

图7-41 【擦除所选像元】

模块八

ArcGIS 空间数据处理

任务 8-1 空间数据编辑

空间数据编辑包括图形数据编辑和属性数据编辑。
一、图形数据的编辑
1. 编辑的一般步骤

图形数据的编辑主要是指通过【编辑器】工具条上功能菜单或按钮对地图中地理要素的几何图形进行编辑处理，一般需要经过以下5个步骤。

（1）加载编辑数据。单击【文件】→【添加数据】或者工具栏上的【添加数据】，选择需要编辑的数据层。

（2）打开编辑工具。在工具栏的空白处点击右键，选择【编辑器】，或者在工具栏上选择【编辑器】工具条，出现编辑器工具条，如图8-1所示。

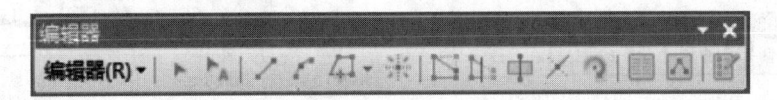

图 8-1 【编辑器】工具条

（3）进入编辑状态。单击编辑器工具条的【编辑器】→【开始编辑】，使数据层进入编辑状态。单击编辑器工具条的【编辑器】→【创建要素】，在 ArcMap 窗口右侧出现创建要素的窗体。点击需要编辑的图层，在构造工具栏就会出现相应的构造工具，如图8-2所示。

（4）执行数据编辑。选择编辑命令，对要素进行编辑。在进行数据编辑时，一般先进行编辑环境的设置，比如捕捉设置、选择设置、单位设置等，以提高数据编辑的效率和精度。捕捉的设置步骤如下：在【编辑器】工具条中，单击【编辑器】→【捕捉】→【捕捉】工具条，弹出捕捉工具条，如图8-3所示。

（5）结束编辑操作。选择【编辑器】→【停止编辑】，

图 8-2 编辑要素视图

是否保存编辑结果，结束编辑。

2. 折点编辑

（1）显示折点信息。单击【编辑器】工具条上的【编辑】工具，双击要选择的要素，打开【编辑折点】工具条，如图8-4所示。【编辑折点】工具条上的【草图属性】，弹出【编辑草图属性】对话框，如图8-5所示。

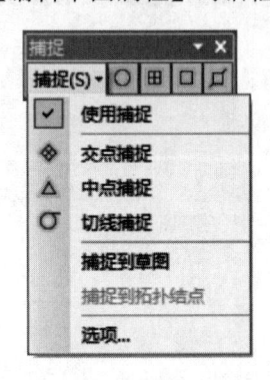

图8-3　【捕捉】工具条　　图8-4　【编辑折点】工具条　　图8-5　显示折点信息

（2）添加折点。点击【编辑折点】工具条上的【添加折点】工具，单击地图上的任意位置，可以添加折点。相应的在【编辑草图属性】对话框中也会增加折点及其属性，如图8-6所示。

（3）删除折点。点击【编辑折点】工具条上的【删除折点】工具，将鼠标放置在需要删除的点所在位置，单击左键可以删除折点。相应的在【编辑草图属性】对话框中也会减少折点及其属性，如图8-7所示。

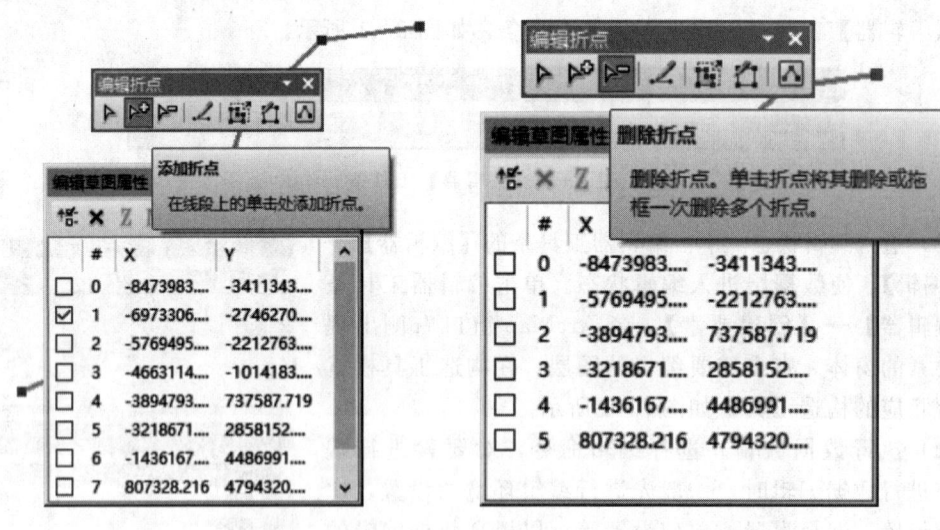

图8-6　添加折点　　　　　　　　　　图8-7　删除折点

（4）移动折点。若是移动到任意位置，单击【编辑折点】工具条上的【修改草图折点】工具，将鼠标放置在需要移动的折点上，将其拖动到所需位置即可，同时【编辑草图属性】对话框中的坐标值也发生相应改变，如图8-8所示。

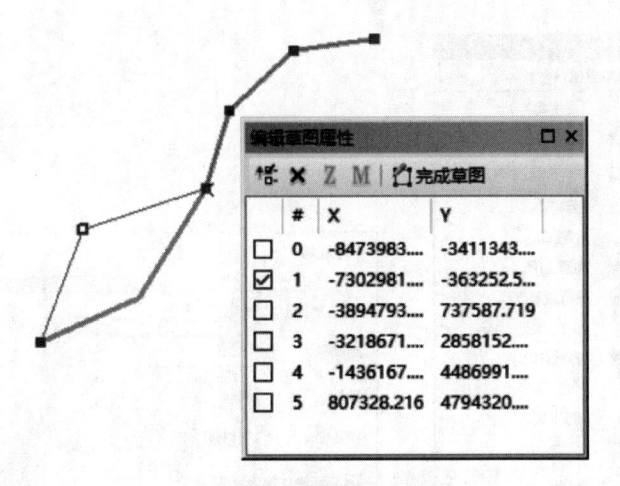

图 8-8 鼠标拖动移动折点

若是将折点移动到具体位置，可将鼠标放置在需要移动的折点上，右键选择【移动至】，在弹出的对话框中，输入相应的距离，按键盘上的 Enter 键即可完成操作，如图 8-9 所示。

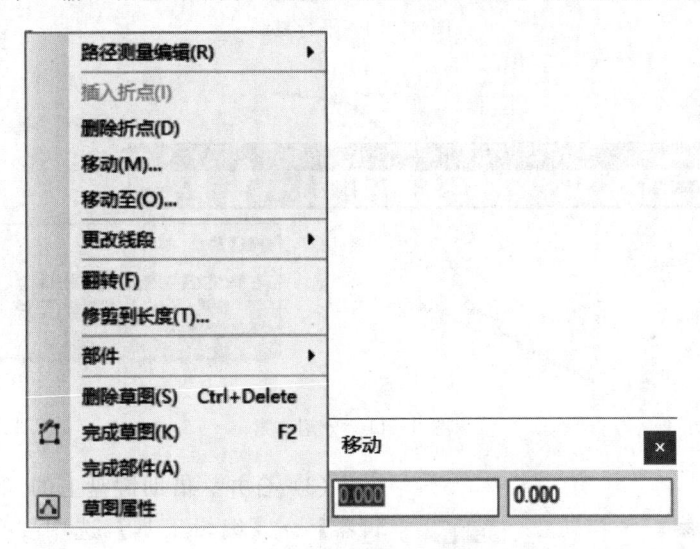

图 8-9 将折点移动至指定位置

3. 线要素编辑

对于已经输入的线要素，ArcMap 提供基本的编辑工具，如编辑折点、整形、裁剪面、旋转等。更多的工具可通过【编辑器】→【更多编辑工具】→【高级编辑】来调用。下面介绍几种常用的线编辑工具。

(1) 平行复制。将选中的线要素按照指定的距离平行偏移复制。方法如下：选中要平行复制的线要素，再选用【编辑器】→【平行复制】，在【平行复制】对话框中输入相应的距离即可完成该操作，如图 8-10 所示。

(2) 用工具分割线。用【编辑器】→【编辑工具】选中要分割的线，在【编辑器】→【分割工具】，在需要打断的位置单击鼠标左键，完成线要素的分割，如图 8-11 所示。

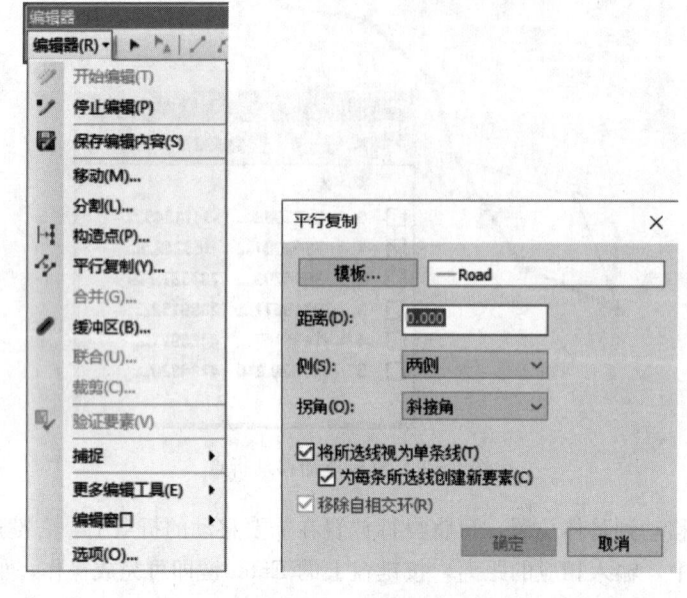

图 8-10 平行复制

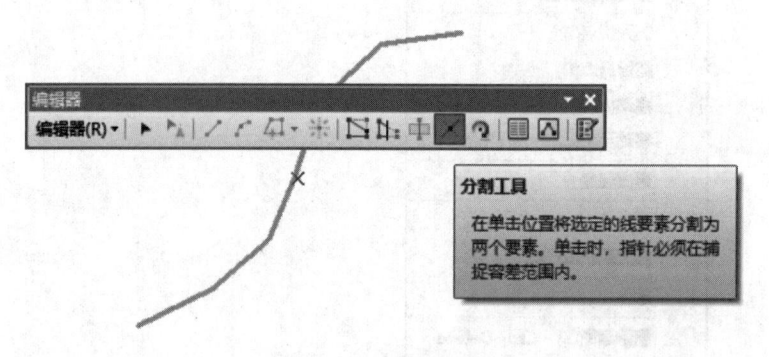

图 8-11 分割要素

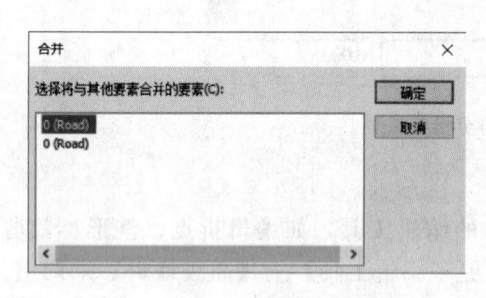

图 8-12 【合并】对话框

(3) 合并。借助键盘上的 shift 键,用【编辑器】→【编辑工具】选中要分割的线要素,选用【编辑器】→【合并】,选择合并后的主题是谁,点击确定,完成合并操作,如图 8-12 所示。

(4) 线的延伸。用【编辑器】→【编辑工具】选中要延伸到的边界线,然后选用【高级编辑】→【延伸工具】,再点击需要延伸的线要素,该线就延伸到指定的边界,如图 8-13 和图 8-14 所示。

(5) 线的修剪。用【编辑器】→【编辑工具】选中要修剪到的边界线,然后选用【高级编辑】→【修剪工具】,再点击需要修剪的线要素,过长的出头线就被修剪到参照线的边界,如图 8-15 和图 8-16 所示。

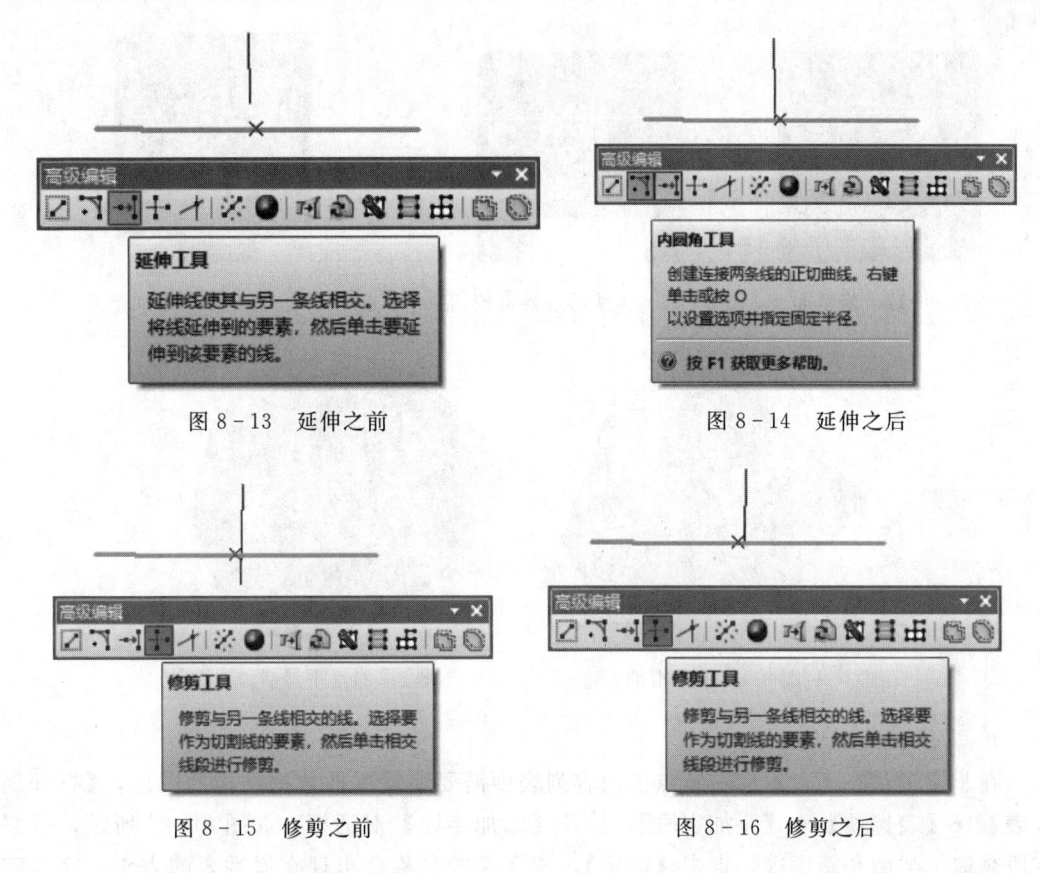

图 8-13　延伸之前　　　　　　　　　图 8-14　延伸之后

图 8-15　修剪之前　　　　　　　　　图 8-16　修剪之后

（6）比例缩放。比例缩放工具不出现在【编辑器】工具条或【高级编辑】工具条中，必须先调出来。调出方法：菜单【自定义】→【自定义模式】→【命令】→【类别】→【编辑器】→【比例】，用鼠标将其拖放到工具栏上，比例缩放工具就调出来了。用【编辑器】→【编辑工具】选中要缩放的要素，鼠标点击【比例】工具，滚动滚轮，实现要素几何形态的缩放。也可在鼠标点击【比例】工具后，在键盘上按 F 键，打开【比例因子】对话框，设置比例因子，完成对要素的缩放。

4．面（多边形）要素编辑

有了点要素和线要素的编辑基础，多边形的编辑就比较容易了，许多方法和工具是相同或类似的。

（1）整形要素工具。用【编辑器】→【编辑工具】选中要整形的要素，点击【编辑器】→【整形要素工具】，单击地图创建一条线，实现要素的修整，如图 8-17～图 8-19 所示。

（2）平滑工具。平滑工具可将要素的直角边和拐角平滑处理为贝塞尔曲线。点击【编辑器】→【更多编辑工具】→【高级编辑】→【平滑】，打开【平滑】对话框，设置最大允许偏移值，点击确定，完成平滑，如图 8-20 和图 2-21 所示。

二、属性数据的编辑

属性数据的编辑包括属性数据结构的编辑和属性内容的修改，其中数据数据结构的编辑包括字段的新建与删除等，属性内容的修改是在编辑状态下，通过单击【编辑器】→【属性】工具，打开【属性】对话框，在该对话框中查看和编辑所选要素的属性。

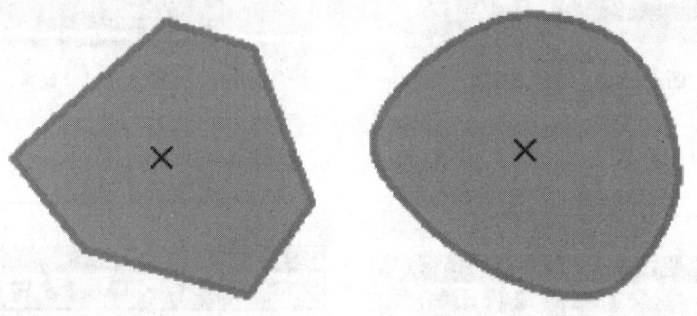

图 8-17 修整前　　图 8-18 修整后（要素被切掉）　　图 8-19 修整后（添加至要素）

图 8-20 平滑前　　图 8-21 平滑后

1. 属性数据结构编辑

在非编辑状态下，鼠标右键点击内容列表中需要编辑属性数据结构的图层，【打开属性表】→【表选项】→【添加字段】，打开【添加字段】对话框，如图 8-22 所示，设置字段名称、类型和精度等，点击【确定】，该字段的名称会出现在属性表的表头，完成字段结构的编辑，如图 8-23 所示。若添加的字段有误，可在属性表中右击该字段，选择【删除字段】，如图 8-24 所示。

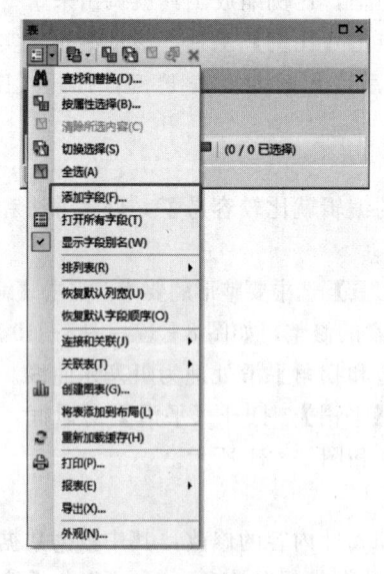

图 8-22 添加字段　　图 8-23 字段结构编辑

2. 属性数据内容编辑

(1) 在属性表中直接编辑。在图层可编辑状态下，内容列表中右键图层→【打开属性表】，如图8-25所示，可编辑字段的内容。

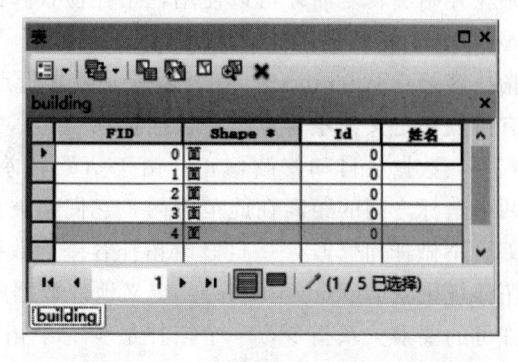

图8-24 删除字段　　图8-25 属性表中编辑字段内容

(2) 借助属性对话框编辑。在图层可编辑状态下，【编辑器】→【属性】，打开【属性】对话框，如图8-26所示，可编辑字段的内容。

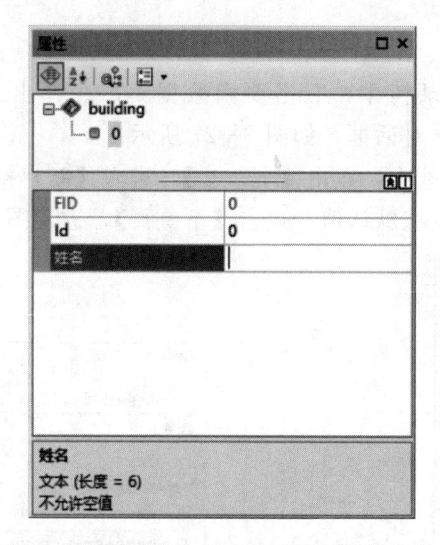

图8-26 【属性】对话框中编辑字段内容

任务8-2 拓 扑 处 理

ArcGIS 的拓扑都是基于 Geodatabase，shapefile 文件不能直接进行拓扑检查，只有转换到地理数据库中的要素数据集下，才能进行拓扑检查。要进行拓扑检查，首先建立要素数据集，把需要检查的数据放在同一要素集下，要素集和检查数据的数据基础（坐标系统、XY 容差、坐标范围）要一致，直接拖入数据即可。如果拖出数据集，有拓扑时要先

119

删除拓扑。

一个拓扑中可以有多个要素类数据，但一个要素类数据只能参加一个拓扑，不能参加多个拓扑；一个拓扑只能在同一个要素数据集内检查，不能在多个数据集中进行。拓扑经常会锁定数据。当有拓扑时，数据重命名、删除和移动位置都无法操作，定段计算器和计算几何必须在开始编辑之后才可以使用，拓扑检查和修改完错误后，请把拓扑删除。

一、ArcGIS 中拓扑的几个基本概念

（1）拓扑容差（Tolerance）。拓扑容差是要素折点之间的最小距离，落在拓扑容差范围内的所有折点被定义为重合点，并被捕捉在一起，大于拓扑容差检查出来是错误，小于等于拓扑容差，数据会自动修改修正。由于 XY 容差也是 XY 坐标之间所允许的最小距离，如果两个坐标之间的距离在此范围内，它们会被视为同一坐标，所以一般拓扑容差就是 XY 容差，不做任何修改，一旦修改拓扑容差，数据实际的 XY 容差也会被修改。

（2）拓扑规则（Topology Rule）。定义地理数据库中一个给定要素内或两个不同要素类之间所许可的要素关系指令，一个拓扑最少一个拓扑规则。ArcGIS 内部已定义了"面不能重叠"、"线不能相交"等 32 种常见拓扑关系规则。

（3）要素等级。等级越高，移动要素越少，最高等级为 1，最低级别为 50；当多个要素拓扑检查时，等级低向等级高的靠拢，此时修改等级低的数据。当有多个数据，由要素等级确定修改哪个数据。

二、拓扑创建

（1）在 ArcCatalog 目录树中，右击要素数据集，在弹出菜单中，单击【新建】→【拓扑】，打开【新建拓扑】对话框，如图 8-27 所示。

（2）【新建拓扑】对话框中，点击【下一步】，进入【新建拓扑】对话框，设置拓扑名称和拓扑容差，也可使用系统默认值。点击【下一页】，进入图 8-28 所示对话框。

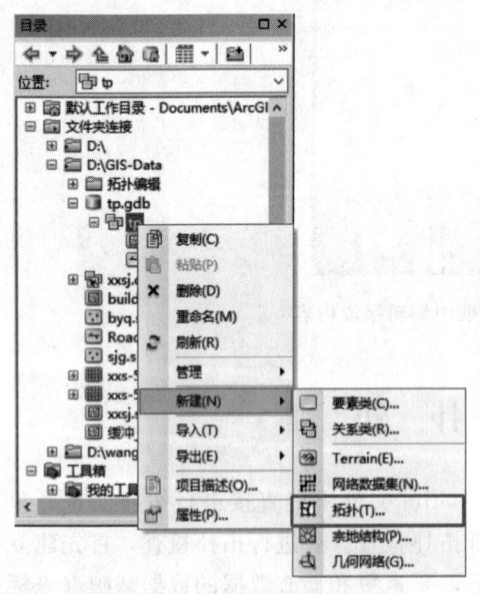

图 8-27 新建拓扑第一步操作

图 8-28 设置拓扑名称和拓扑容差

(3) 在【选择要参与到拓扑中的要素类】列表中，选择参与创建拓扑的要素类，点击【下一页】，进入图 8-29 所示对话框。

(4) 点击【下一页】，进入图 8-30 所示对话框。设置参与拓扑的要素类的等级：在【等级】下拉框为每一个要素类设置等级。

图 8-29 选择参与拓扑的要素类

图 8-30 拓扑等级设置

(5) 点击【下一步】，再点击对话框中的【添加规则】，进入图 8-31 所示对话框。

在【要素类的要素】下拉框中选择参与拓扑的要素类，并在【规则】下拉框中选择相应的拓扑规则，以控制和验证要素共享几何特征的方式，点击【确定】。返回上一级对话框可重复添加规则操作，为参与拓扑的每一个要素类定义一种拓扑规则，点击【下一页】，进入图 8-32 所示对话框。

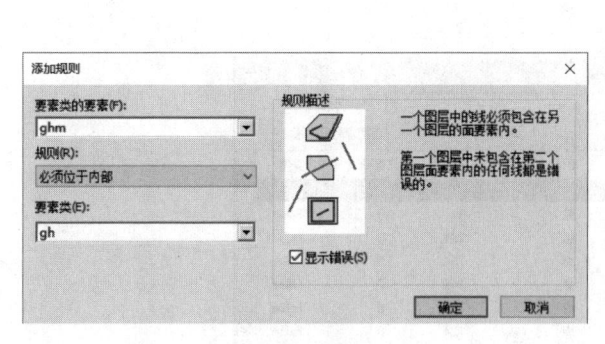

图 8-31 【添加规则】对话框

图 8-32 查看参数、规则设置

(6) 查看【摘要】信息框的反馈信息，检查无误后，点击【完成】，弹出【新建拓扑】提示框，提示正在创建新拓扑。

（7）稍后弹出对话框，询问是否要立即验证，点击【是】，出现进程条，进程结束后，拓扑验证完毕，创建后的拓扑显示在 ArcCatalog 目录树中。

三、拓扑检查

进行拓扑验证后，需要查找错误和异常。首先要调用【拓扑】工具条。方法如下：在 ArcMap 的菜单栏单击【自定义】→【工具条】→【拓扑】，如图 8-33 所示。【拓扑】工具只有在编辑状态下才能使用。

图 8-33 【拓扑】工具条

点击【编辑器】→【开始编辑】，【拓扑】工具条中的有些工具就可使用了。点击【拓扑】工具条中的【错误检查器】，弹出【错误检查器】对话框，如图 8-34 所示。点击【立即搜索】，完成拓扑检查。

图 8-34 【错误检查器】对话框

四、拓扑修复

发现拓扑错误之后，就要对这些错误进行修复。ArcMap 提供了【修复拓扑错误】工具，右击【错误】，在弹出的菜单中，从预定义的修复方法中选择一种方法进行修复，如图 8-35 所示。

图 8-35 使用【修复拓扑错误】工具进行预定义修复

需要注意的是，并不是所有的错误都可以进行预定义修复的，此时可以使用常规编辑工具对数据进行编辑操作，直到修复所有拓扑错误。

任务8-3 坐 标 系 统

坐标系是地理信息系统的基础，其主要作用是说明同一个坐标系下两个几何对象的空间位置关系，而对空间位置关系的处理是地理信息系统技术及地理信息系统软件最重要的管理范畴。因此，要掌握和熟练使用 ArcGIS 软件，必须熟悉坐标系的相关知识，不懂坐标系就不懂地理信息系统。

我国常用的坐标系有 1954 年北京坐标系、1980 年西安坐标系、2000 国家大地坐标系和 WGS 1984 坐标系，它们都有地理坐标系和投影坐标系，前 3 个投影坐标系是高斯投影，有 3 度分带和 6 度分带，而 WGS 1984 坐标系是通用横轴墨卡托投影，只有 6 度分带。

一、ArcGIS 坐标系

1954 年北京坐标系的地理坐标系，如图 8-36 所示，地理坐标系是定义椭球体的长半轴、短半轴和扁率，其他地理坐标系的定义类似，只是长短轴不同而已。

1954 年北京坐标系的投影坐标系，如图 8-37 所示，有 4 种不同的命名方式。

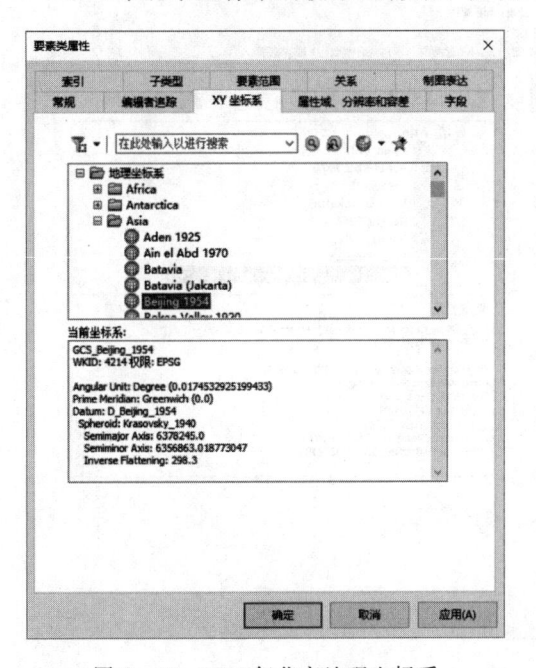

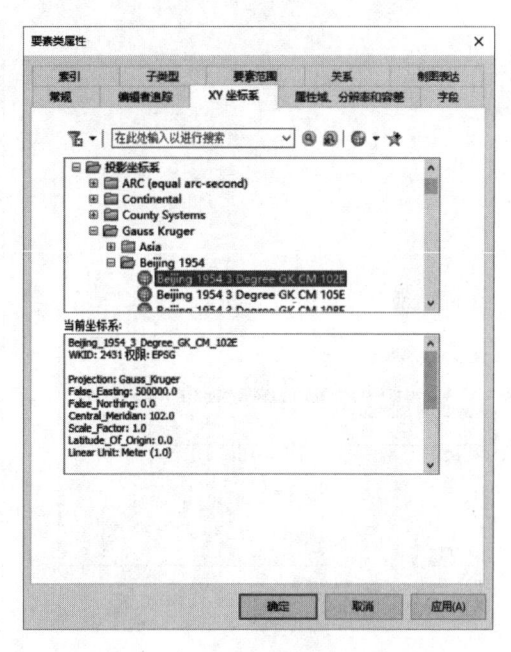

图 8-36　1954 年北京地理坐标系　　　图 8-37　1954 年北京投影坐标系

（1）Beijing 1954 3 Degree GK CM 102E 的含义：3 度分带法的 1954 年北京坐标系，中央经线在东 102 度的分带坐标，横坐标前不加带号。

（2）Beijing 1954 3 Degree GK Zone 34 的含义：3 度分带法的 1954 年北京坐标系，分带号为 34，中央经线在东 102 度的分带坐标，横坐标前加带号。

（3）Beijing_1954_GK_Zone_16 的含义：6 度分带法的 1954 年北京坐标系，分带号为 16，横坐标前加带号。

（4）Beijing_1954_GK_Zone_16N 的含义：6 度分带法的 1954 年北京坐标系，分带号为 16，横坐标前不加带号，这里 N 为 Not 的意思。

1980 年西安坐标系、2000 国家大地坐标系的投影坐标系命名与 1954 年北京坐标系的投影坐标系类似，也有上述 4 种。

二、定义坐标系

在创建数据前，用户可以自定义坐标系。对于已有数据，在 ArcCatalog 目录树中右键菜单中定义，也可使用工具箱中的【定义投影】工具，此工具对于数据的唯一用途就是定义未知或不正确的坐标系，此时相当于给数据贴上标签。

1. 定义坐标系

当新建的数据未定义坐标系时，会出现如图 8-38 的提示。此时要重新定义该数据的坐标系。

（1）在 ArcCatalog 中定义。首先要确定数据的坐标系，然后在 ArcCatalog 目录树中右击该数据→【属性】→【XY 坐标系】→【地理坐标系】→【Asia】→【China Geodetic Coordinate System 2000】，如图 8-39 所示。

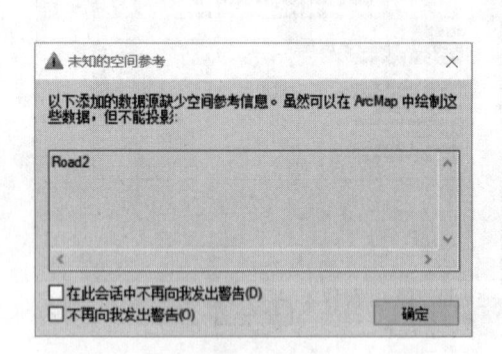

图 8-38 数据没有定义坐标系的提示

图 8-39 在 ArcCatalog 中为数据定义坐标系

（2）在工具箱中定义。在 ArcCatalog 目录树中点击【工具箱】左边的方框→【系统工具箱】→【Data Management Tools】→【投影和变换】→【定义投影】，打开如图 8-40 所示的【定义投影】对话框。选择要素类和要素类的坐标系，点击【确定】，完成坐标系的定义。

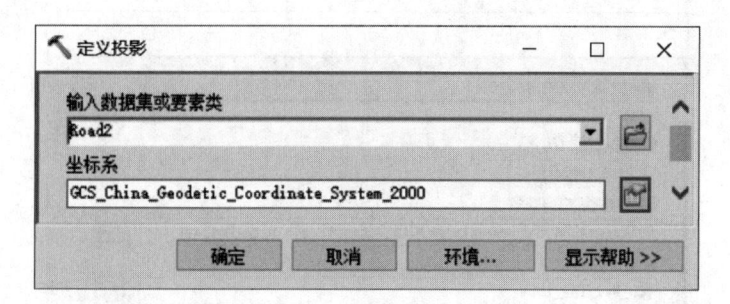

图 8-40　在工具箱中为数据定义坐标系

2. 查看数据的坐标系

在 ArcCatalog 目录树中找到数据，右键→【属性】→【XY 坐标系】，如图 8-41 所示。

3. 删除数据的坐标系

在 ArcCatalog 目录树中找到数据，右键→【属性】→【XY 坐标系】→下拉菜单→【清除】，如图 8-42 所示。

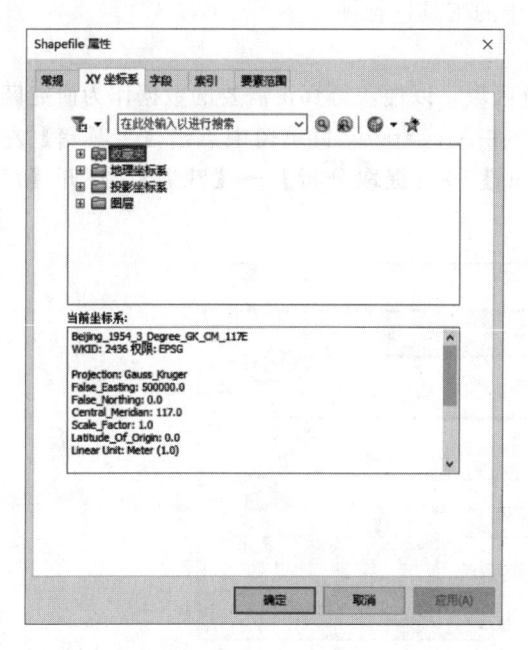

图 8-41　查看 Shapefile 数据的坐标系　　　图 8-42　删除数据的坐标系

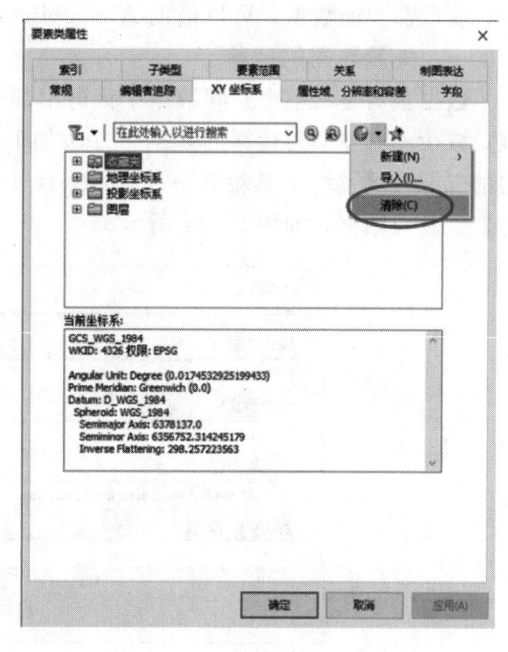

三、投影变换

投影变换是将数据从一种坐标系投影到另一种坐标系，一种永久性转换，会真正改变数据的坐标值，方法如下：在 ArcCatalog 目录树中点击【工具箱】左边的方框→【系统工具箱】→【Data Management Tools】→【投影和变换】→【投影】，打开如图 8-43 所示的【投影】对话框。选择输入要素类、输出要素类和输出坐标系，点击【确定】，完成坐标系的变换。

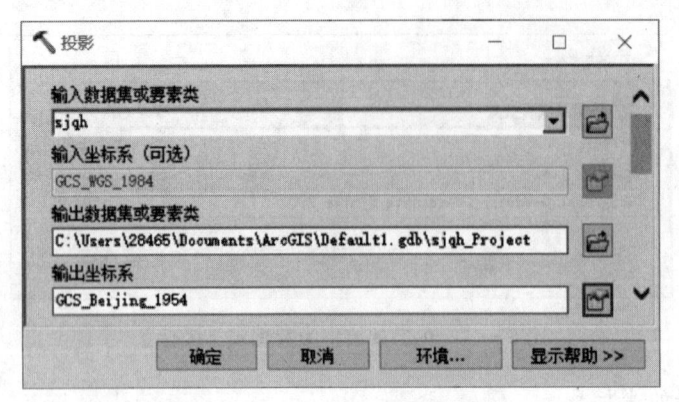

图 8-43 工具箱中【投影】对话框

任务 8-4 裁 剪 与 拼 接

在实际应用中，根据研究区的特点，需要对空间数据进行处理，比如裁剪和拼接操作，获取需要的数据，可以借助 ArcToolbox 中的工具进行操作。

一、矢量数据的裁剪

数据裁剪是从整个空间数据中裁剪出部分区域，以便获得真正需要的数据作为研究区域，减少不必要参与运算的数据。方法如下：在 ArcCatalog 目录树中点击【工具箱】左边的方框→【系统工具箱】→【Analysis Tools】→【提取分析】→【裁剪】，打开【裁剪】工具对话框，如图 8-44 所示。

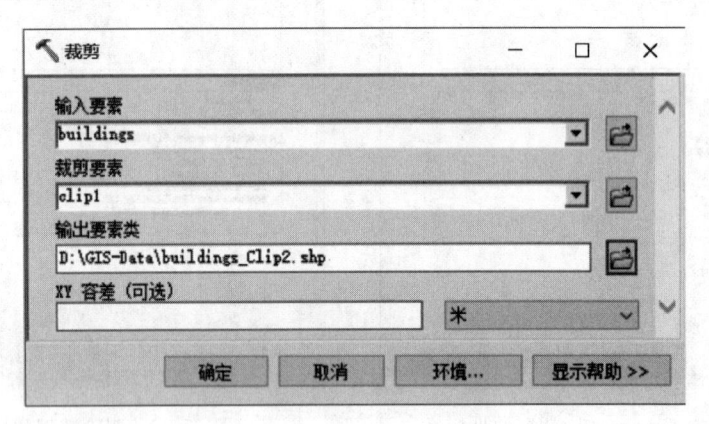

图 8-44 【裁剪】工具对话框

在【输入要素】中选择需要裁剪的矢量数据，在【裁剪要素】中选择用来裁剪的矢量数据，在【输出要素类】中选择输出数据的文件夹与名称，【XY 容差】是可选项，用于确定容差的大小，点击【确定】，完成矢量数据的裁剪。

二、影像数据的裁剪

影像数据裁剪是从影像中裁剪出一个或多个新的影像文件。在 ArcGIS 中常用的影像裁剪方法有如下两种。

1. 按掩膜提取进行裁剪

掩膜是指用选定的图像、图形或物体，对待处理的图像进行遮挡来控制图像处理的区域或处理过程，利用掩膜可识别分析范围内的区域。方法如下：在 ArcCatalog 目录树中点击【工具箱】左边的方框→【系统工具箱】→【Spatial Analyst Tools】→【提取分析】→【按掩膜提取】，打开【按掩膜提取】对话框，如图 8-45 所示。

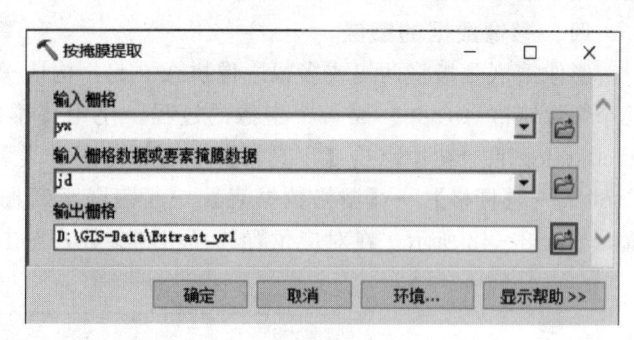

图 8-45 【按掩膜提取】对话框

在【输入栅格】中选择需要裁剪的影像数据，在【输入栅格数据或要素掩膜数据】中选择影像数据或者是要素类，在【输出栅格】中指定输出栅格的保存路径和名称，点击【确定】，即可得到掩膜提取的结果。

2. 利用栅格处理中的裁剪工具进行裁剪

方法如下：在 ArcCatalog 目录树中点击【工具箱】左边的方框→【系统工具箱】→【Data Management Tools】→【栅格】→【栅格处理】→【裁剪】，打开【裁剪】对话框，如图 8-46 所示。选择相应的参数，点击【确定】，完成影像裁剪。

三、矢量数据的合并

数据合并是指将空间相邻的数据拼接为一个完整的目标数据。方法如下：在 ArcCatalog 目录树中点击【工具箱】左边的方框→【系统工具箱】→【Data Management Tools】→【常规】→【合并】，打开【合并】对话框，如图 8-47 所示。

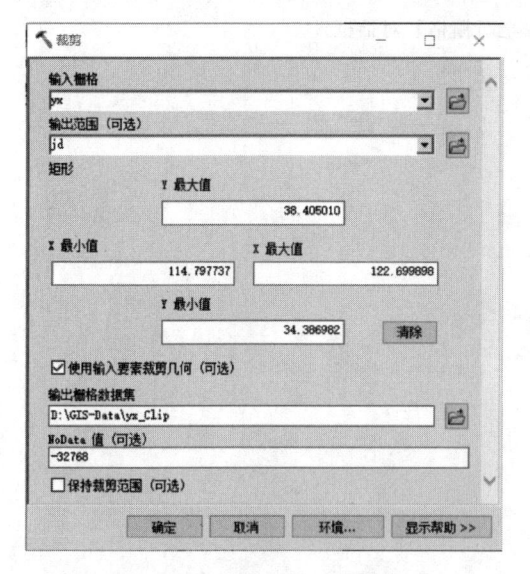

图 8-46 【裁剪】对话框

图 8-47 【合并】对话框

在【输入数据集】中选择输入的数据，可选择多个数据，在【输出数据集】中选择存储路径和输出数据的名称，点击【确定】，完成拼接操作。

四、影像数据的镶嵌

影像镶嵌是指将两幅或多幅影像拼在一起，构成一幅整体影像的技术过程，也就是把几个影像镶嵌（合并）成一个影像的过程。使用【镶嵌至新栅格】工具，方法如下：在 ArcCatalog 目录树中点击【工具箱】左边的方框→【系统工具箱】→【Data Management Tools】→【栅格】→【栅格数据集】→【镶嵌至新栅格】，打开【镶嵌至新栅格】对话框，如图 8-48 所示。在对应位置选择相应参数，点击【确定】，完成镶嵌操作。

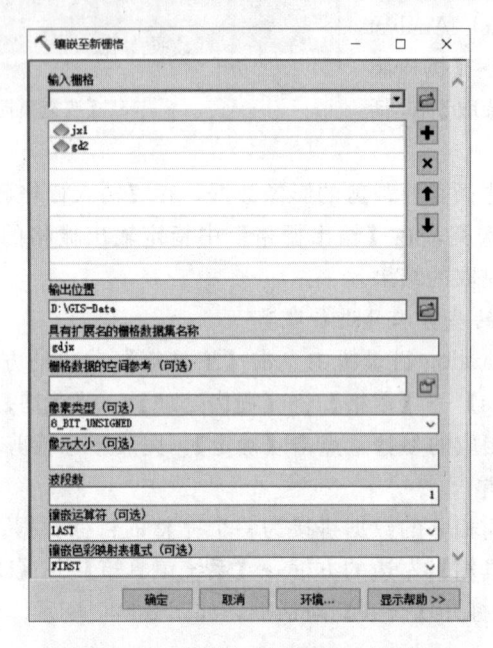

图 8-48 【镶嵌至新栅格】对话框

模块九

ArcGIS 空间数据分析

任务 9-1　矢　量　查　询

一、属性查询

在 ArcMap 菜单栏中，单击【选择】→【按属性选择】，如图 9-1 所示。打开【按属性选择】对话框，如图 9-2 所示。

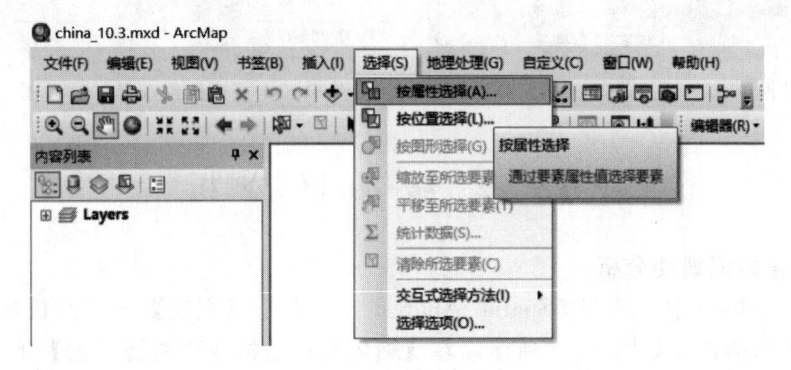

图 9-1　打开【按属性选择】对话框

在【图层】下拉框中选择待执行选择的"目标图层"。根据需要，在【方法】下拉框中指定选择的方法，包括："创建新选择内容"、"添加到当前选择内容"、"从当前选择内容中移除"和"从当前选择内容中选择"4 种。在【方法】下拉框下面的列表框中双击目标字段，单击【＝】按钮，单击【获取唯一值】按钮，已选字段的所有值将显示在【获取唯一值】按钮上面的列表框，在该列表框中单击目标字段的值，则会在【SELECT ＊ FROM 目标图层 WHERE】的文本框中显示建立的 SQL 语句，单击【验证】按钮，验证 SQL 语句是否正确，如果验证有误，则进行修改；如果验证正确，则单击【确定】按钮，完成按属性选择操作，所选要素将在地图上高亮显示，处于选择状态。

二、空间查询

在 ArcMap 菜单栏中，单击【选择】→【按位置选择】，打开【按位置选择】对话框。根据需要，在【选择方法】下拉框选择要创建的选择类型，有"从以下图层中选择要素"、"添加到当前在以下图层中选择的要素"、"移除当前在以下图层中选择的要素"和"从当前在以下图层中选择的要素中选择"4种方法。在【目标图层】列表框中选择目标图层,在【源图层】下拉框中选择指定将用于从目标图层中选择要素的源图层。勾选【使用所选要素】复选框,在源图层中使用已选要素识别待选择的要素。在【目标图层要素的空间选择方法】下拉框选择合适的方法。根据需要勾选【应用搜索距离】复选框,指定是否在搜索中使用缓冲距离(缓冲距离仅用于某些选项)。单击【确定】按钮,完成按位置选择的操作,如图9-3所示。

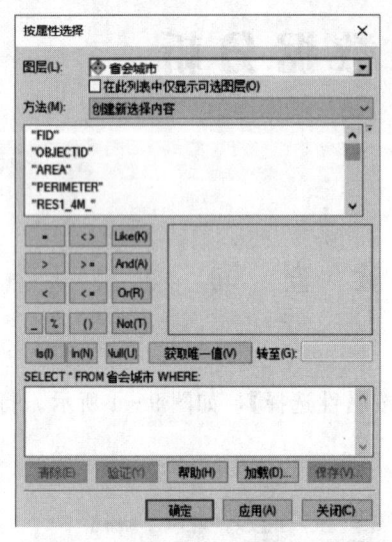

图9-2 【按属性选择】对话框   图9-3 【按位置选择】对话框

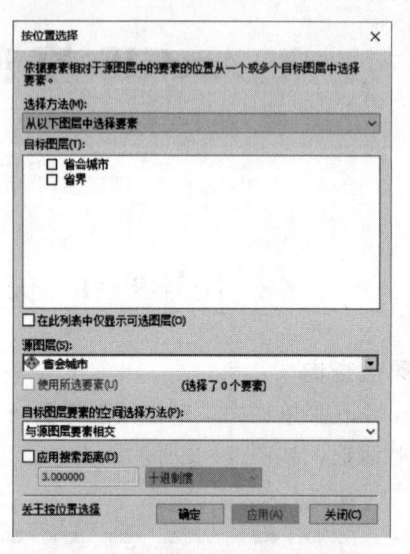

任务9-2 缓冲区分析

一、栅格数据缓冲分析

在ArcToolbox中,双击【Spatial Analyst工具】→【距离】→【欧氏距离】,打开【欧氏距离】对话框,如图9-4所示,在【输入栅格数据或要素源数据】下拉框选择数

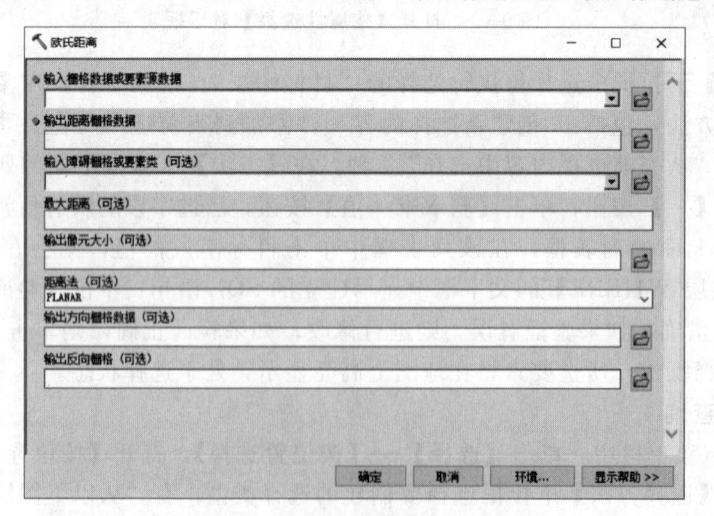

图9-4 【欧氏距离】对话框

据，在【输出距离栅格数据】指定输出欧氏距离栅格的保存路径和名称，单击【确定】按钮完成栅格数据缓冲分析。

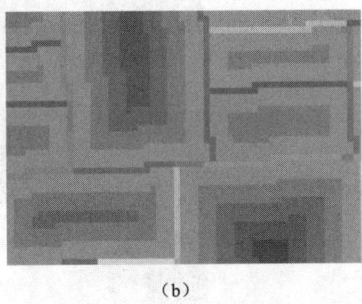

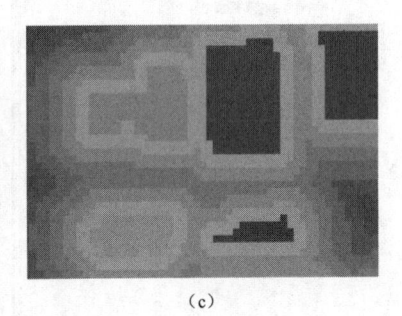

栅格数据缓冲分析示例如图9-5所示，图9-5（a）为创建的点要素缓冲区，图9-5（b）为线要素缓冲区，图9-5（c）为面要素缓冲区。

（a）　　　　　　　　　（b）　　　　　　　　　（c）

图9-5　栅格数据缓冲分析示例

二、矢量数据缓冲分析

1. 点要素单重缓冲区

创建一个与点要素数据具有相同坐标系统的面数据，命名为"缓冲区"。如图9-6所示，在【编辑器】工具条中，单击【编辑器】→【开始编辑】，单击【编辑器】工具条中【编辑工具】选择目标要素（要创建缓冲区的要素），然后单击【编辑器】→【缓冲区】，打开【缓冲】对话框。

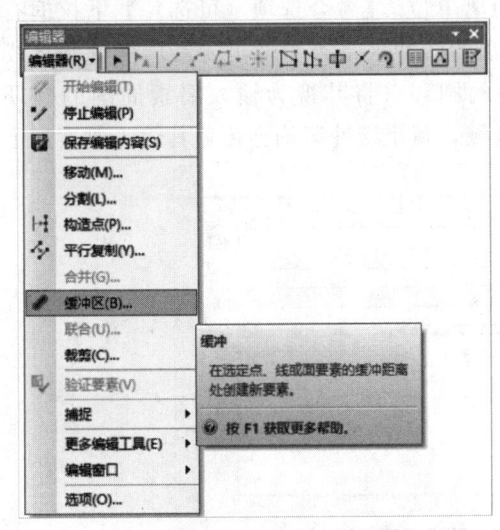

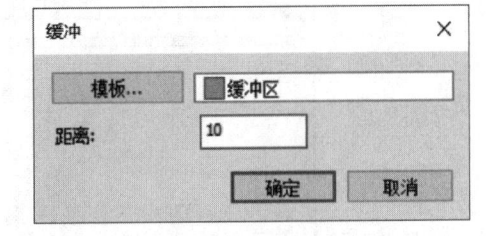

图9-6　【编辑器】中的【缓冲区】功能　　　　图9-7　【缓冲】对话框

如图9-7所示，单击【模板】按钮，打开【选择要素模板】对话框，选择"缓冲区"，单击【确定】返回【缓冲】对话框，设置合适的距离，单击【确定】，完成缓冲区的创建。创建的点要素缓冲区示例如图9-8所示。

131

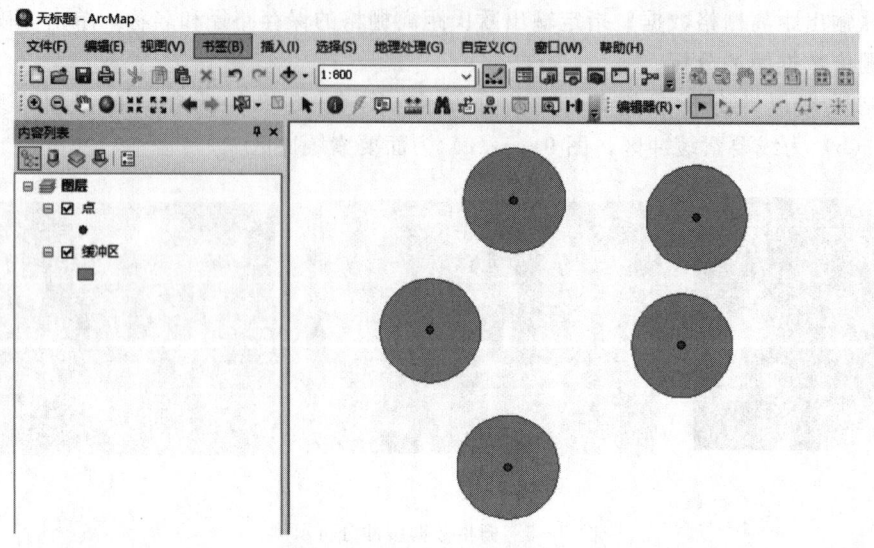

图 9-8 点要素缓冲区示例

2. 点要素多环缓冲区

在 ArcToolbox 中双击【分析工具】→【邻域分析】→【多环缓冲区】，打开【多环缓冲区】对话框，如图 9-9 所示，在【输入要素】下拉框中选择要创建缓冲区的图层，在【输出要素类】文本框中指定输出要素类的保存路径和名称。在【距离】文本框设置缓冲距离，单击【+】按钮添加到列表中，缓冲距离可多次输入，如 5、10、15。在【缓冲区单位（可选）】下拉框选择合适的缓冲区距离单位。【融合选项（可选）】下拉框有两个选项：ALL 和 NONE，主要作用是确定输出的缓冲区是否为输出要素周围的圆环或圆盘。ALL：缓冲区将是输入要素周围不重叠的圆环（将其视为输入要素周围的圆环）。NONE：不论是否重叠，都会保存所有缓冲区域，每个缓冲区均会覆盖其输入要素加上任

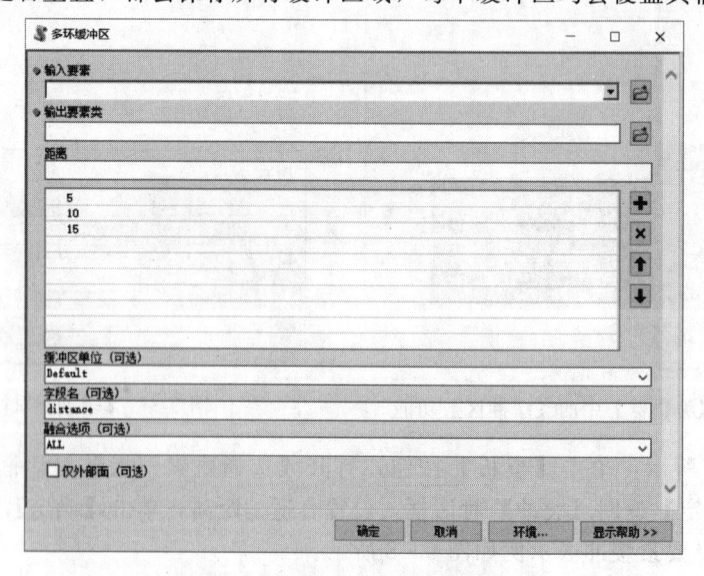

图 9-9 【多环缓冲区】对话框

何较小缓冲区的区域。单击【确定】，完成使用【多环缓冲区】工具建立缓冲区的操作。创建的点要素多环缓冲区示例如图 9-10 所示。

图 9-10　点要素多环缓冲区示例

3. 线/面要素缓冲区

在 ArcToolbox 中双击【分析工具】→【邻域分析】→【缓冲区】，打开【缓冲区】对话框，如图 9-11 所示，在【输入要素】下拉框中选择要创建缓冲区的图层，在【输出要素类】文本框中指定输出要素类的保存路径和名称。在【距离［值或字段］】区域有【线性单位】和【字段】两个单选按钮，选择【线性单位】则需要输入一个数值，并在下拉框中选择单位，以此作为缓冲距离；选择【字段】则指定输入要素类的某个属性字段，以该要素的这个属性字段的值作为每个要素的缓冲距离。

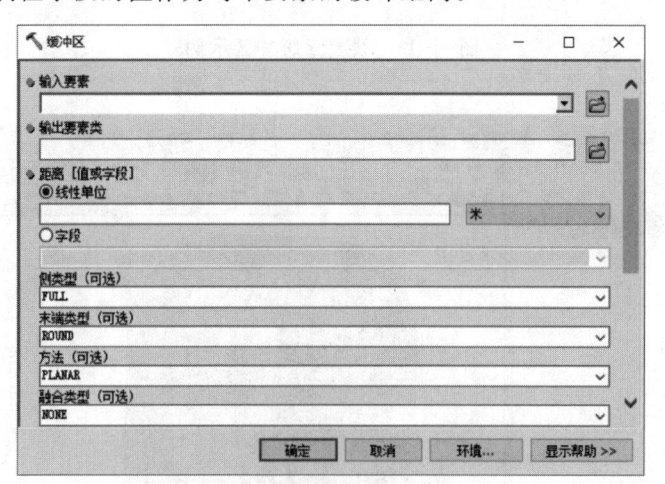

图 9-11　【缓冲区】对话框

【侧类型（可选）】下拉框有四个选项：FULL、LEFT、RIGHT 和 OUTSIDE_ONLY。FULL：对于线输入要素，将在线两侧生成缓冲区。对于面输入要素，将在面周围生成缓冲区，并且这些缓冲区将包含并叠加输入要素的区域；对于点输入要素，将在点周围生成缓冲区。LEFT：对于线输入要素，将在线的拓扑左侧生成缓冲区，此选项对于面输入要素无效。RIGHT：对于线输入要素，将在线的拓扑右侧生成缓冲区，此选项对于面输入要素无效。OUTSIDE_ONLY：对于面输入要素，仅在输入面的外部生成缓冲区（输入面内部的区域将在输出缓冲区中被擦除），此选项对于线输入要素无效。

【末端类型（可选）】下拉框有两个选项：ROUND 和 FLAT，主要用于在创建线要素缓冲区时指定线端点的缓冲区形状。ROUND：缓冲区的末端为圆形，即半圆形。FLAT：缓冲区的末端很平整或者为方形，并且在输入线要素的端点处终止。

【融合类型（可选）】下拉框有三个选项：NONE、ALL 和 LIST，主要用于决定是否执行融合以消除缓冲区重合的部分。NONE：不考虑重叠，均保持每个要素的独立缓冲区，这是默认设置。ALL：将所有缓冲区融合为单个要素，从而移除所有重叠。LIST：融合共享所列字段（传递自输入要素）属性值的所有缓冲区。

单击【确定】按钮，完成使用【缓冲区】工具建立缓冲区的操作。创建的线、面要素缓冲区示例分别如图 9-12 和图 9-13 所示。

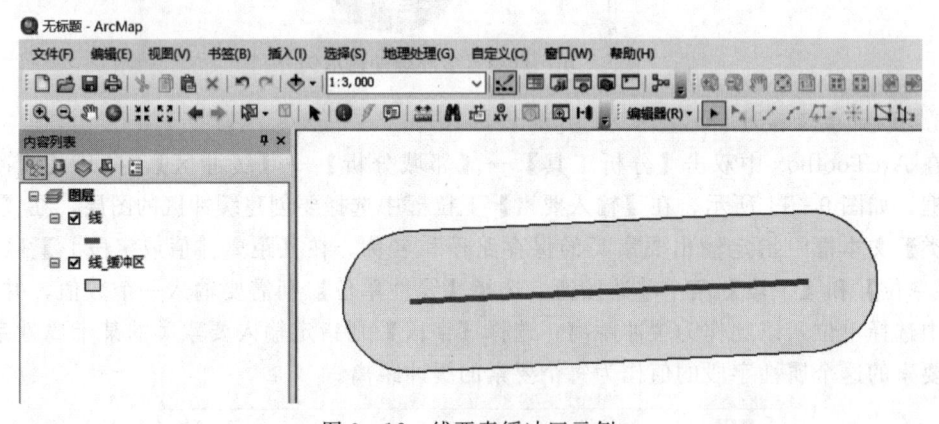

图 9-12 线要素缓冲区示例

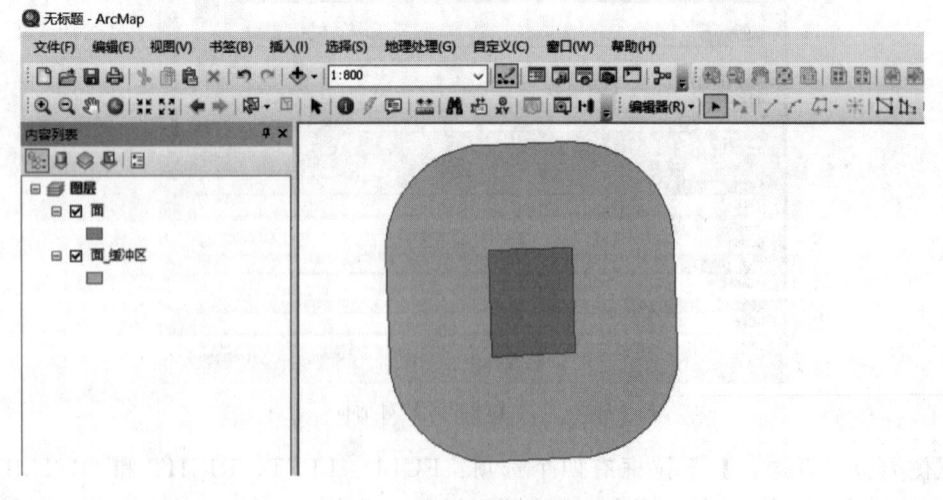

图 9-13 面线要素缓冲区示例

任务9-3 叠 加 分 析

一、栅格数据叠加分析

栅格数据的叠加分析对象为两个或多个栅格图层,包括逻辑运算和代数运算两大部分。代数运算主要是在栅格图层之间进行算术运算和函数运算,而逻辑运算主要包括逻辑与、逻辑或、逻辑非和逻辑异或等操作。栅格数据叠加分析方法如下:在 ArcToolbox 中,双击【Spatial Analyst 工具】→【地图代数】→【栅格计算器】,打开【栅格计算器】对话框,如图 9-14 所示,在中部方框中输入地图代数表达式,在【输出栅格】中指定输出栅格的保存路径和名称,单击【确定】按钮完成操作。

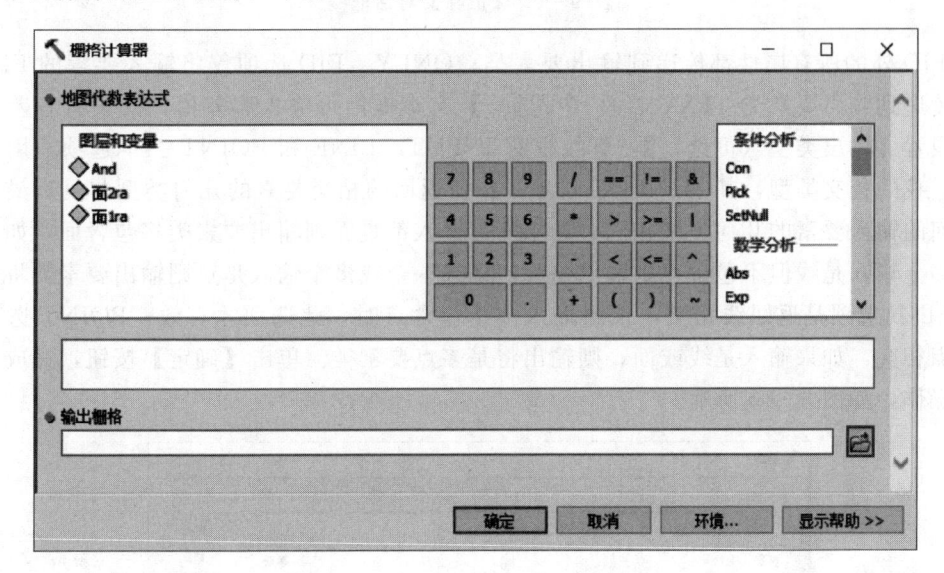

图 9-14 【栅格计算器】对话框

二、矢量数据叠加分析

1. 擦除分析

在 ArcToolbox 中,双击【分析工具】→【叠加分析】→【擦除】,打开【擦除】对话框,在【输入要素】下拉框选择输入要素类或图层,在【擦除要素】下拉框选择用于擦拭重叠输入要素的要素。在【输出要素类】中指定输出要素类的保存路径和名称。【XY容差(可选)】文本框内可输入容差值,并设置容差值单位。单击【确定】按钮,完成擦除分析操作,如图 9-15 所示。

2. 相交分析

在 ArcToolbox 中,双击【分析工具】→【叠加分析】→【相交】,打开【相交】对话框。在【输入要素】下拉框选择输入要素类或图层,可多次添加相交数据层。在【输出要素类】中指定输出要素类的保存路径和名称。【连接属性(可选)】下拉框有三个选项:ALL、NO_FID 和 ONLY_FID,用于确定输入要素的哪些属性传递到输出要素类,其中 ALL 选项是将输入要素的所有属性都传递到输出要素类;NO_FID 选项是将输入要素

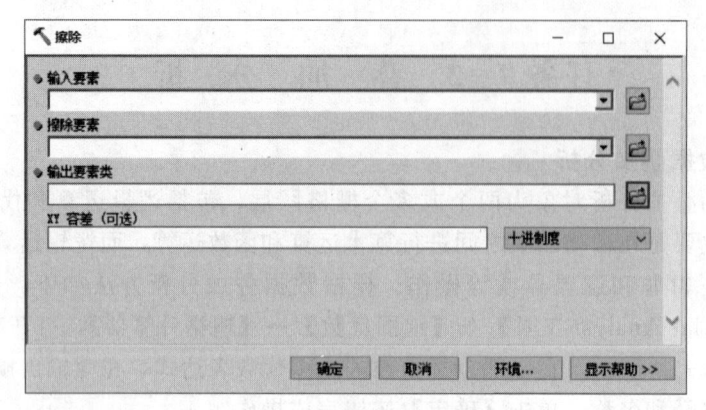

图 9-15 【擦除】对话框

中除 FID 外的所有属性都传递到输出要素类；ONLY_FID 选项仅将输入要素的 FID 字段将传递到输出要素类。【XY 容差（可选）】文本框内可输入容差值，并设置容差值单位。设置【输出类型（可选）】，下拉框有 INPUT、LINE 和 POINT 三个选项，用于选择要查找的相交类型，其中 INPUT 选项是指所返回的相交要素的几何类型与具有最低维度几何的输入要素的几何类型相同，如果所有输入都是面则输出要素类将包含面，如果一个或多个输入是线但不包含点则输出是线，如果一个或多个输入是点则输出要素类将包含点；LINE 选项是返回线相交，仅当输入中不包含点时，此选项才有效；POINT 选项是返回点相交，如果输入是线或面，则输出将是多点要素类。单击【确定】按钮，完成相交分析操作，如图 9-16 所示。

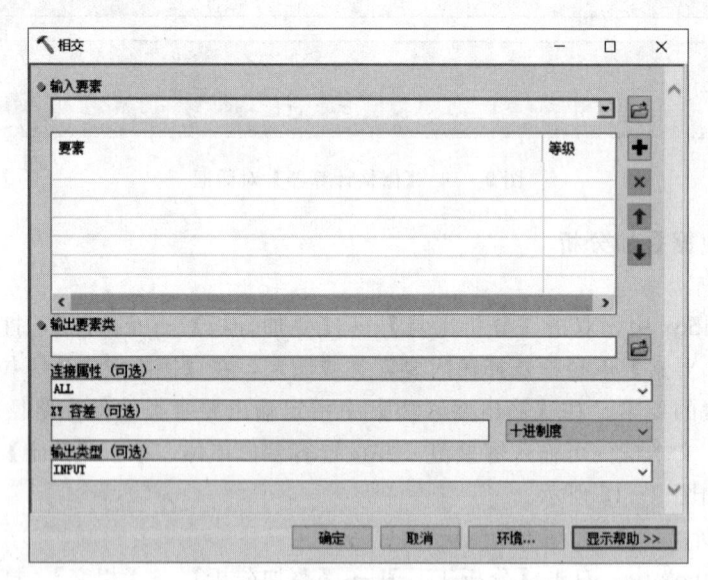

图 9-16 【相交】对话框

3. 联合分析

在 ArcToolbox 中，双击【分析工具】→【叠加分析】→【联合】，打开【联合】对话框。在【输入要素】下拉框选择输入要素类或图层，可多次添加联合数据层。在【输出要素类】中指定输出要素类的保存路径和名称。选择【连接属性（可选）】，设置【XY容差（可选）】。【允许间隙存在（可选）】复选框，选中则不为被面完全包围的输出区域创建要素，未选中则为被面完全包围的输出区域创建要素。单击【确定】按钮，完成联合分析操作，如图 9-17 所示。

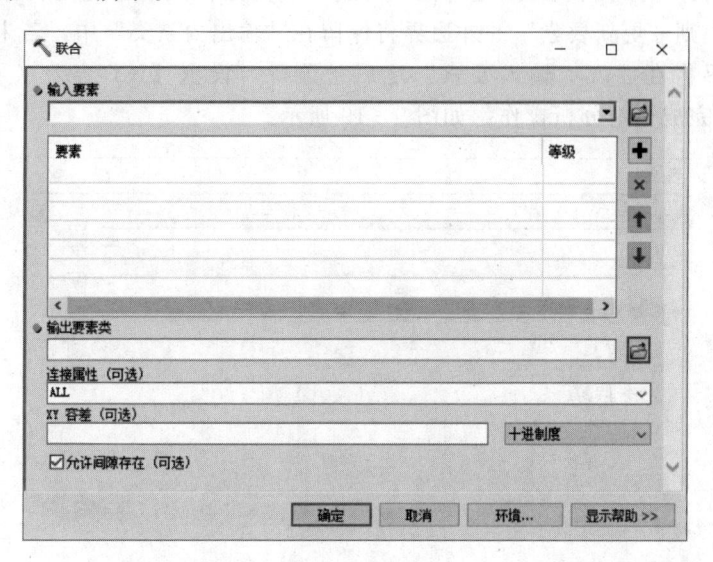

图 9-17 【联合】对话框

4. 标识分析

在 ArcToolbox 中，双击【分析工具】→【叠加分析】→【标识】，打开【标识】对话框。在【输入要素】下拉框选择输入要素类或图层，在【输出要素类】中指定输出要素类的保存路径和名称。选择【连接属性（可选）】，设置【XY 容差（可选）】。在【保留关系（可选项）】复选框选择是否要将输入要素和标识要素之间的附加空间关系写入到输出，若选中则输出线要素会包含两个附加字段 LEFT_poly 和 RIGHT_poly，用于记录线要素左侧和右侧的标识要素的要素 ID；若未选中则不确定任何附加空间关系。单击【确定】按钮，完成标识分析操作，如图 9-18 所示。

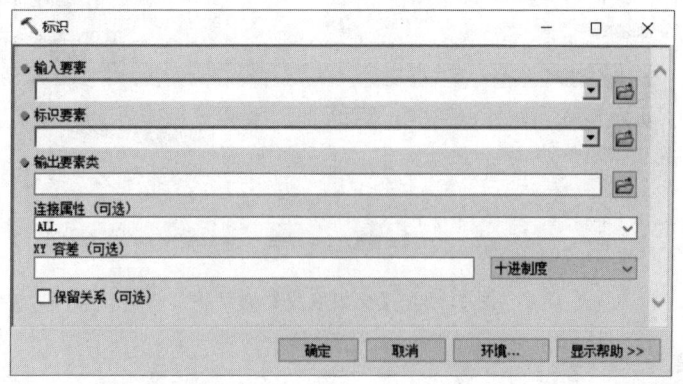

图 9-18 【标识】对话框

5. 更新分析

在 ArcToolbox 中，双击【分析工具】→【叠加分析】→【更新】，打开【更新】对话框。在【输入要素】和【更新要素】下拉框选择要素类或图层，在【输出要素类】中指定输出要素类的保存路径和名称。【边框（可选）】复选框用于指定是否保留更新面要素的边界，若选中则"更新要素"的外边界将保留在"输出要素类"中，若未选中则"更新要素"的外边界将在插入"输入要素"之后被删除。设置【XY 容差（可选）】，单击【确定】按钮，完成更新分析操作，如图 9-19 所示。

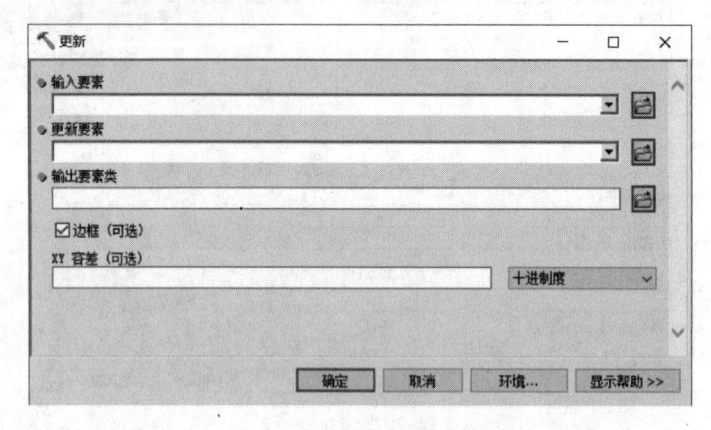

图 9-19 【更新】对话框

6. 交集取反分析

在 ArcToolbox 中，双击【分析工具】→【叠加分析】→【交集取反】，打开【交集取反】对话框。在【输入要素】和【更新要素】下拉框选择要素类或图层，在【输出要素类】中指定输出要素类的保存路径和名称。选择【连接属性（可选）】，设置【XY 容差（可选）】。单击【确定】按钮，完成交集取反分析操作，如图 9-20 所示。

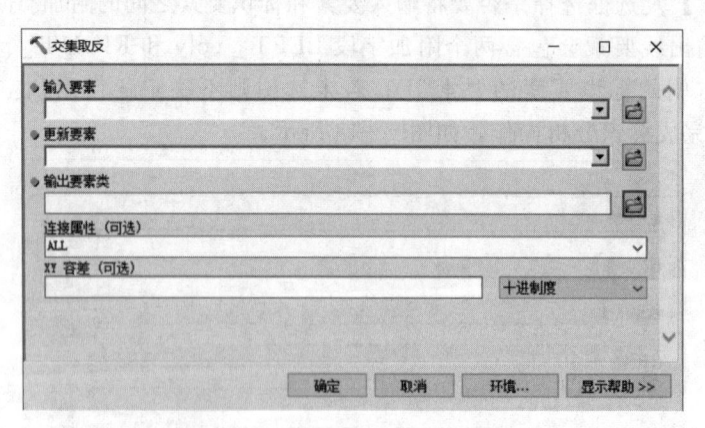

图 9-20 【交集取反】对话框

7. 空间连接

在 ArcToolbox 中，双击【分析工具】→【叠加分析】→【空间连接】，打开【空间连接】对话框。在【目标要素】和【连接要素】下拉框选择要素类或图层，在【输出要素类】

中指定输出要素类的保存路径和名称。输出要素类将包含目标要素和连接要素的属性。【连接操作（可选）】下拉框有 JOIN_ONE_TO_ONE 和 JOIN_ONE_TO_MANY 两个选项，JOIN_ONE_TO_ONE 是指在相同空间关系下，如果一个目标要素对应多个连接要素，就会使用字段映射合并规则对连接要素中某个字段进行聚合，然后将其传递到输出要素类；JOIN_ONE_TO_MANY 是指在相同空间关系下，如果一个目标要素对应多个连接要素，输出要素类将会包含多个目标要素实例。【连接要素的字段映射（可选）】可控制输出要素类中要包含的属性字段。【匹配选项（可选）】用于定义匹配的条件，只要找到该匹配选项，就会将连接要素的属性传递到目标要素，下拉框中如 INTERSECT 指如果连接要素与目标要素相交，将匹配连接要素中相交的要素；WITHIN 指如果目标要素位于连接要素内，将匹配连接要素中包含目标要素的要素；CLOSEST 指匹配连接要素中与目标要素最近的要素。【搜索半径（可选）】区域可输入数值，并设置单位，如果连接要素与目标要素的距离在此范围内，则有可能进行空间连接。单击【确定】按钮，完成空间连接操作，如图 9-21 所示。

图 9-21 【空间连接】对话框

任务 9-4 表面创建与分析

一、创建栅格表面

方法一：【栅格插值】工具

在 ArcToolbox 中，双击【3D Analyst 工具】→【栅格插值】，可以看到许多插值方法，如克里金法、反距离权重法、样条函数法和自然邻域法等，如图 9-22 所示。

以克里金法为例,双击【克里金法】,打开【克里金法】对话框,在【输入点要素】下拉框中选择属性字段,其包含要插值到表面栅格中的 Z 值的输入点要素。在【Z 值字段】下拉框中选择存放每个点的高度值或量级值的字段,如果输入点要素包含 Z 值,则该字段可以是数值型字段或者 Shape 字段。在【输出表面栅格】文本框中指定插值后表面栅格的保存路径和名称。根据需要,在【半变异函数属性】区域选择要使用的克里金方法和半变异函数模型,可设置【高级参数】。在【输出像元大小(可选)】文本框可输入数值,定义输出栅格的像元大小,也可以从现有栅格数据集获取。在【搜索半径(可选)】下拉框中可选择定义要用来对输出栅格中各像元值进行插值的输入点。在【输出预测栅格数据的方差(可选)】可指定输出栅格的每个像元都包含该位置的预测方差值。单击【确定】按钮,完成栅格表面创建的操作,如图 9-23 所示。

图 9-22 ArcToolbox   图 9-23 【克里金法】对话框

方法二:【TIN 转栅格】工具

在 ArcToolbox 中,双击【3D Analyst 工具】→【转换】→【由 TIN 转出】→【TIN 转栅格】,打开【TIN 转栅格】对话框,如图 9-24 所示。

在【输入 TIN】下拉框中选择 TIN 数据,在【输出栅格】文本框中指定输出栅格的保存路径和名称。在【输出数据类型(可选)】下拉框中有 FLOAT 和 INT 两种数据格式,其中 FLOAT:输出栅格将使用 32 位浮点型,支持介于 $-3.402823466e+38$ 到 $3.402823466e+38$ 之间的值。INT:输出栅格将使用合适的整型位深度,该选项可将 Z 值四舍五入为最接近的整数值,并将该整数写入每个栅格像元值。在【方法(可选)】下拉框中有 LINEAR 和 NATURAL_NEIGHBORS 两种方法，其中 LINEAR 通过向 TIN 三角形应用线性插值法来计算像元值；NATURAL_NEIGHBORS 通过使用 TIN 三角形的自然邻域插值法计算像元值；【采样距离（可选）】下拉框中有 OBSERVATIONS 250 和 CELLSIZE 10 两个选项，用于定义输出栅格的像元大小的采样方法和距离。【Z 因子（可选）】文本框中默认值为 1，此时高程值保持不变。单击【确定】按钮，完成由 TIN 创建栅格表面的操作，如图 9-25 所示。

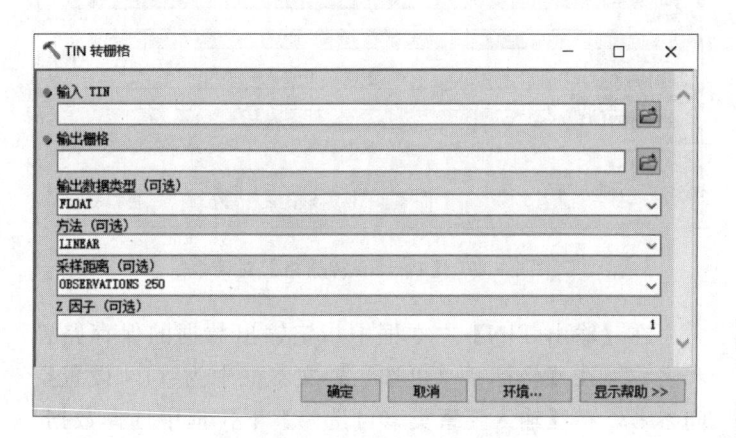

图 9-24 【TIN 转栅格】对话框　　　　图 9-25 ArcToolbox

方法三：【Terrain 转栅格】工具

在 ArcToolbox 中，双击【3D Analyst 工具】→【转换】→【由 Terrain 转出】→【Terrain 转栅格】，打开【Terrain 转栅格】对话框，如图 9-26 所示。

在【输入 Terrain】下拉框中选择 Terrain 数据，在【输出栅格】文本框中指定输出栅格的保存路径和名称。在【输出数据类型（可选）】下拉框中选择数据格式。在【方法（可选）】下拉框中有 LINEAR 和 NATURAL_NEIGHBORS 两种方法，其中 LINEAR 将基于距离的权重应用于包含给定像元中心的三角形中各结点的 Z 值，然后计算加权值的总和以对像元值进行分配；NATURAL_NEIGHBORS 应用使用泰森多边形的基于区域的权重方案确定像元值。在【采样距离（可选）】下拉框中选择，可定义输出栅格的像元大小的采样方法和距离。根据需要设置【金字塔等级分辨率（可选）】，单击【确定】按钮，完成由 Terrain 创建栅格表面的操作，如图 9-27 所示。

二、创建 TIN 表面

方法一：【创建 TIN】工具

在 ArcToolbox 中，双击【3D Analyst 工具】→【数据管理】→【TIN】→【创建

TIN】，打开【创建 TIN】对话框，如图 9-28 所示。

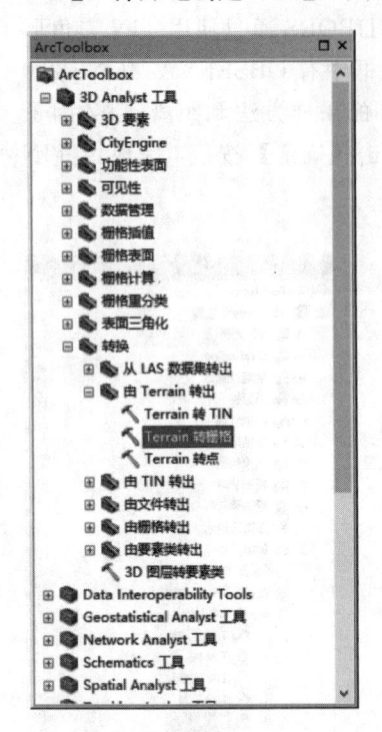

图 9-26　ArcToolbox

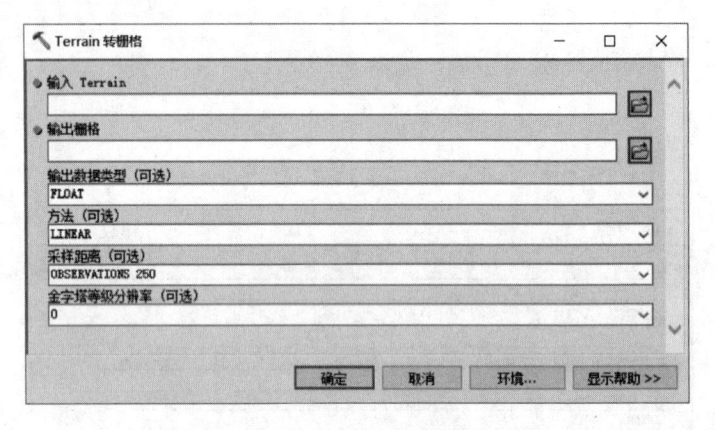

图 9-27　【Terrain 转栅格】对话框

在【输出 TIN】文本框中指定输出数据的保存路径和名称。在【坐标系（可选）】文本框中为 TIN 设置空间参考。在【输入要素类（可选）】下拉框中选择数据，该要素类将添加到下方的列表框中，可根据需要修改相关属性。单击【确定】按钮，完成由矢量要素创建 TIN 表面的操作，如图 9-29 所示。

方法二：【栅格转 TIN】工具

在 ArcToolbox 中，双击【3D Analyst 工具】→【转换】→【由栅格转出】→【栅格转 TIN】，打开【栅格转 TIN】对话框，如图 9-30 所示。

在【输入栅格】下拉框中选择待处理的栅格数据，在【输出 TIN】文本框中指定输出数据的保存路径和名称。【Z 容差（可选）】文本框可设置输入栅格与输出 TIN 之间所允许的最大高度差（Z 单位）。【最大点数（可选）】是指将在处理过程终止前添加到 TIN 的最大点数。【Z 因子（可选）】是指在生成的 TIN 数据集中与栅格的高度值相乘的因子。单击【确定】按钮，完成由栅格创建 TIN 表面的操作，如图 9-31 所示。

图 9-28　ArcToolbox

图 9-29 【创建 TIN】对话框

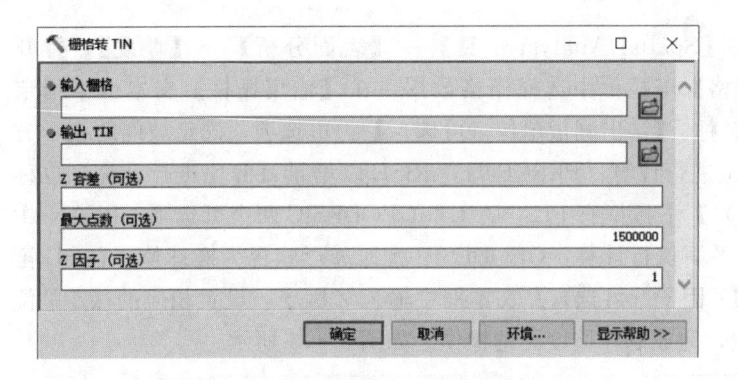

图 9-30 【栅格转 TIN】对话框

图 9-31 ArcToolbox

方法三：【Terrain 转 TIN】工具

在 ArcToolbox 中，双击【3D Analyst 工具】→【转换】→【由 Terrain 转出】→【Terrain 转 TIN】，弹出【Terrain 转 TIN】对话框，如图 9-32 所示。

在【输入 Terrain】下拉框中选择待处理的 terrain 数据集。在【输出 TIN】文本框中指定输出数据的保存路径和名称。根据需要设置【金字塔等级分辨率（可选）】和【最大结点数（可选）】。【裁剪范围（可选）】是指是否根据分析范围裁剪生成的 TIN，仅当定义了分析范围并且分析范围小于输入 terrain 范围时，该选项才有效。单击【确定】按钮，完成由 Terrain 数据集创建 TIN 表面的操作，如图 9-33 所示。

143

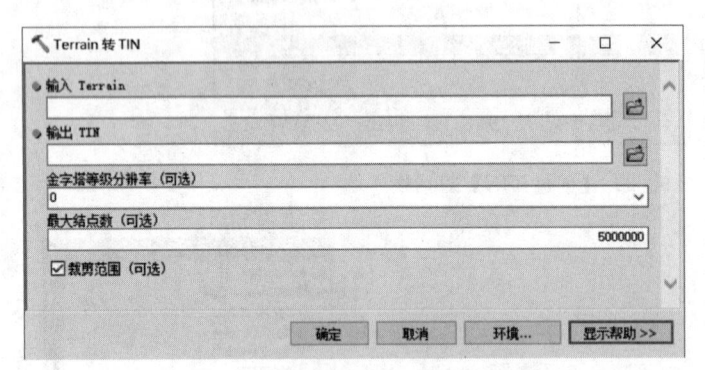

图 9-32 【Terrain 转 TIN】对话框    图 9-33 ArcToolbox

三、表面分析

1. 计算坡度与坡向

在 ArcToolbox 中，双击【Spatial Analyst 工具】→【表面分析】→【坡度】，打开【坡度】对话框。在【输入栅格】下拉框中选择栅格数据，在【输出栅格】文本框中指定输出栅格数据的保存路径和名称。【输出测量单位（可选）】为可选项，确定坡度的表示方法，其中 DEGREE 以度为单位进行计算；PERCENT_RISE 以增量百分比进行计算，也称为百分比坡度。【方法（可选）】下拉框有 PLANAR 和 GEODESIC 两个可选项，PLANAR 使用 2D 笛卡尔坐标系对投影平面执行计算；GEODESIC 将地球形状视为椭球体，在 3D 笛卡尔坐标系中执行计算。在【Z 因子（可选）】文本框中输入 Z 因子，设置相应的【Z 单位（可选）】。单击【确定】按钮，完成制作坡度图的操作，如图 9-34 所示。

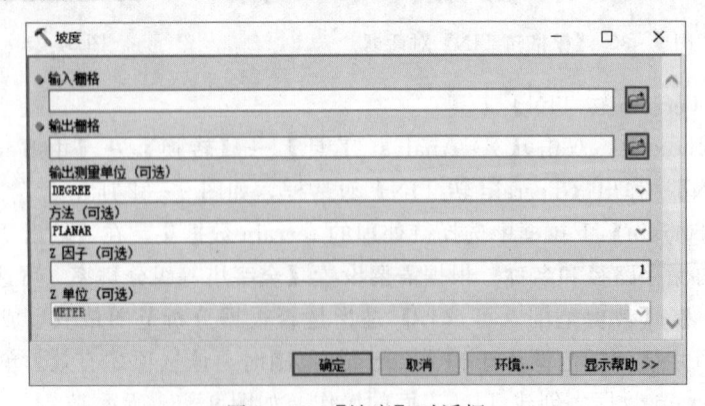

图 9-34 【坡度】对话框

在 ArcToolbox 中，双击【Spatial Analyst 工具】→【表面分析】→【坡向】，打开【坡向】对话框。在【输入栅格】下拉框中选择栅格数据，在【输出栅格】文本框中指定输出栅格数据的保存路径和名称。在【方法（可选）】下拉框，确定计算坡向的方法。单击【确定】按钮，完成制作坡向图的操作，如图 9-35 所示。

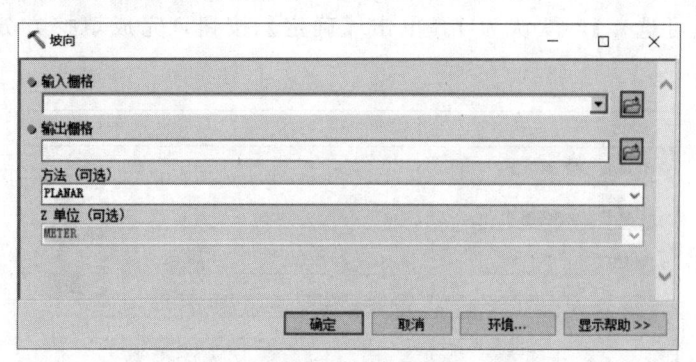

图 9-35 【坡向】对话框

2. 生成等值线

在 ArcToolbox 中，双击【Spatial Analyst 工具】→【表面分析】→【等值线】，打开【等值线】对话框。在【输入栅格】下拉框中选择栅格数据，在【输出要素类】文本框中指定输出数据的保存路径和名称。在【等值线间距】文本框中输入等值线的间距。【起始等值线（可选）】为可选项，用于输入起始等值线的值。【Z 因子（可选）】为可选项，默认值为 1。在【等值线类型（可选）】中可指定输出类型，将等值线表示为线或面，CONTOUR 为等值线（等高线）的折线要素类；CONTOUR_POLYGON 为填充等值线的面要素类；CONTOUR_SHELL 为面要素类，面的上限按间隔值累积增加，下限在栅格最小值处保持不变；CONTOUR_SHELL_UP 为面要素类，面的下限从栅格最小值按间隔值累积增加，上限在栅格最大值处保持不变。在【每个要素的最大折点数（可选）】文本框中输入数值可以在细分要素时指定折点限制，仅当输出要素包含大量（数百万）折点时，才能使用此参数，如果留空，则不会分割输出要素。单击【确定】按钮，完成制作等值线图的操作，如图 9-36 所示。

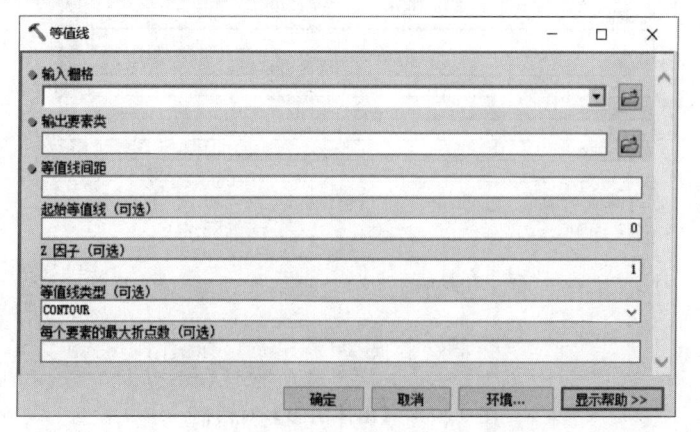

图 9-36 【等值线】对话框

3. 计算填挖方量

在 ArcToolbox 中，双击【Spatial Analyst 工具】→【表面分析】→【填挖方】，打开【填挖方】对话框。在【输入填/挖之前的栅格表面】和【输入填/挖之后的栅格表面】下拉框中选择相应的栅格数据。在【输出栅格】文本框中指定输出数据的保存路径和名称。设置【Z 因子（可选）】，默认为 1。单击【确定】按钮，完成填挖方分析的操作，如图 9-37 所示。

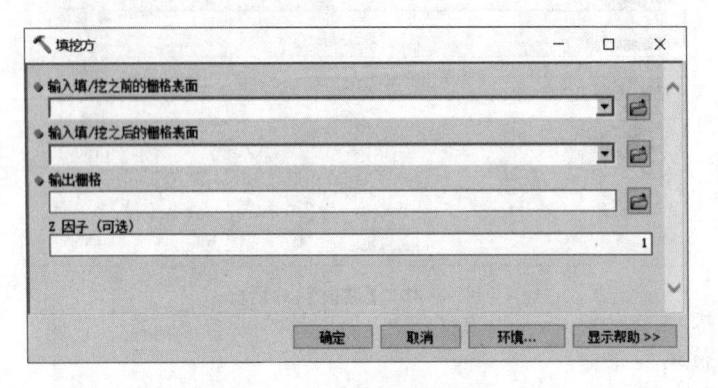

图 9-37 【填挖方】对话框

4. 表面阴影分析

在 ArcToolbox 中，双击【Spatial Analyst 工具】→【表面分析】→【山体阴影】，打开【山体阴影】对话框。在【输入栅格】下拉框中选择栅格数据，在【输出栅格】文本框中指定输出栅格数据的保存路径和名称。【方位角（可选）】和【高度角（可选）】为可选项，可在相应的文本框中输入数值指定光源的方位角和高度角。【模拟阴影（可选）】为可选项，若未选中则输出栅格只会考虑本地光照入射角度而不会考虑阴影的影响，若选中则输出晕渲栅格会同时考虑本地光照入射角度和阴影，输出值的范围从 0 到 255，0 表示最暗区域，255 表示最亮区域。设置【Z 因子（可选）】，默认为 1。单击【确定】按钮，完成创建山体阴影图的操作，如图 9-38 所示。

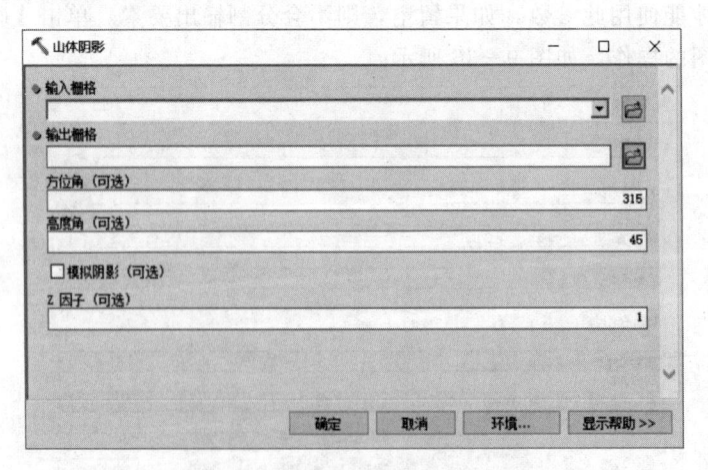

图 9-38 【山体阴影】对话框

模块十

ArcGIS 空间数据可视化表达

任务 10-1 空间数据符号化

一、创建新符号

1. 标记符号

在 ArcMap 菜单栏中，单击【自定义】→【样式管理器】，打开【样式管理器】对话框，如图 10-1 所示。

图 10-1 打开【样式管理器】

单击【样式管理器】对话框中的左侧列表中一个亮起的文件夹，在【名称】列表框中右击【标记符号】文件夹，单击【新建】→【标记符号】，如图 10-2 所示。打开【符号属性编辑器】对话框，如图 10-3 所示。

在【属性】区域中，单击【类型】下拉框，选择合适的标记符号，此处选择【简单标记符号】。在【简单标记】选项卡中，可以设置【颜色】、【样式】和【大小】等，在【预览】区域可以浏览符号的形状。单击【确定】按钮，完成一个标记符号的创建。

返回【样式管理器】对话框，右击标记符号，在弹出的菜单中可对其进行重命名、删除和修改等操作，如图 10-4 所示。

2. 线符号

打开【样式管理器】对话框，如图 10-5 所示。单击【样式管理器】对话框中的左侧列表中一个亮起的文件夹，在【名称】列表框中右击【线符号】文件夹，单击【新建】→

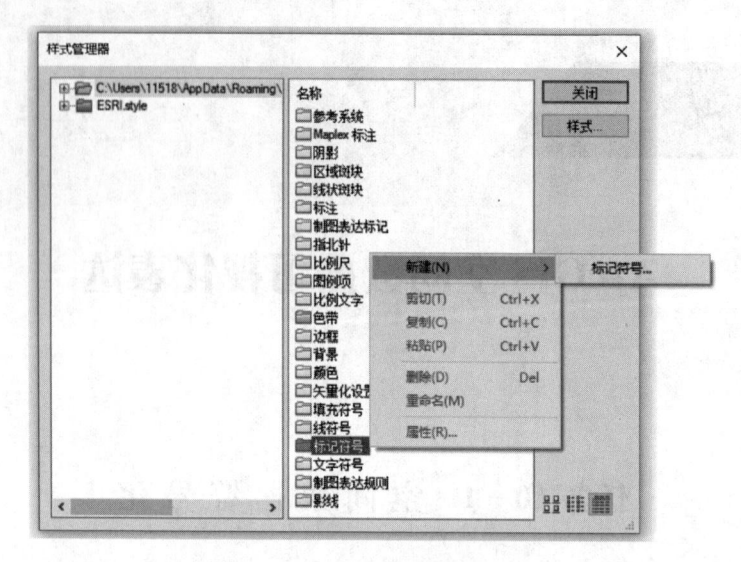

图 10-2 【样式管理器】对话框一

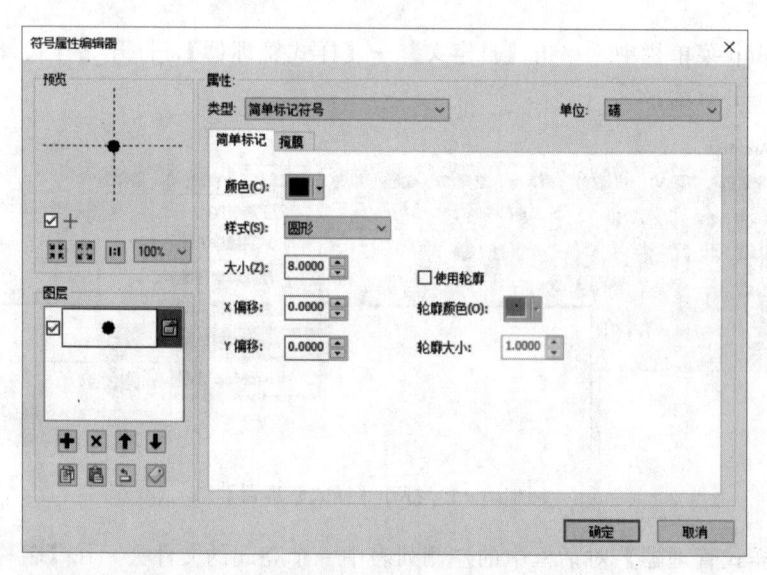

图 10-3 【符号属性编辑器】对话框一

【线符号】,打开【符号属性编辑器】对话框,如图 10-6 所示。在【属性】区域,单击【类型】下拉框选择合适的线符号,更改相应的参数,单击【确定】按钮,完成一个线符号的创建。

3. 填充符号

打开【样式管理器】对话框,单击【样式管理器】对话框中的左侧列表中一个亮起的文件夹,在【名称】列表框中右击【填充符号】文件夹,单击【新建】→【填充符号】,打开【符号属性编辑器】对话框。在【属性】区域,单击【类型】下拉框选择合适的填充符号,更改相应的参数,单击【确定】按钮,完成一个面符号的创建,如图 10-7 所示。

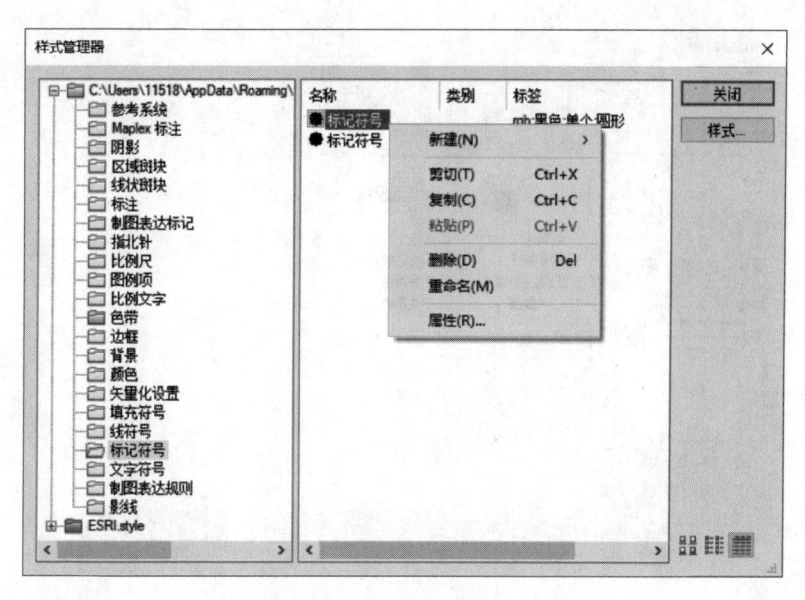

图 10-4 【样式管理器】对话框二

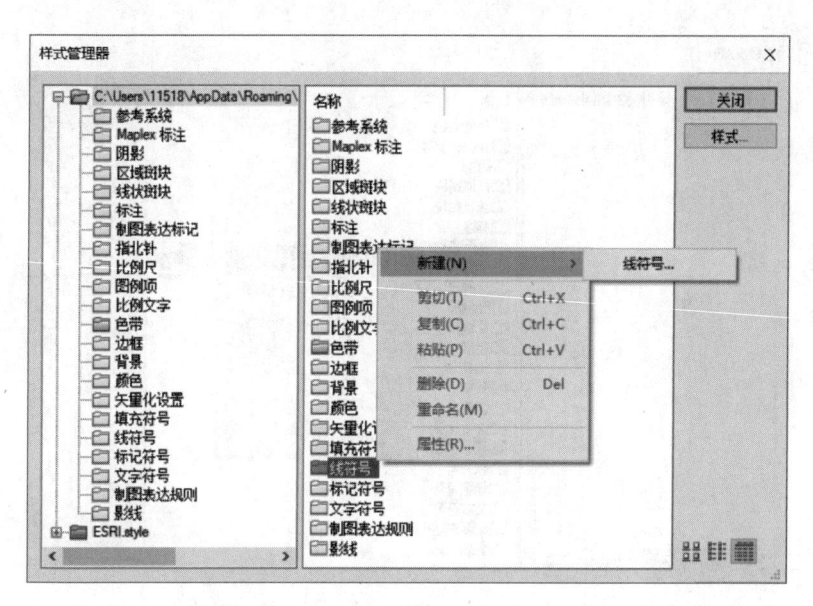

图 10-5 【样式管理器】对话框三

二、单一符号化

在内容列表中右击数据图层,单击【属性】,打开【图层属性】对话框,单击【符号系统】标签,切换到【符号系统】选项卡,如图 10-8 所示。

在【显示】列表框中单击【要素】,选择【单一符号】,单击【符号】色块,打开【符号选择器】对话框,在【符号选择器】对话框中选择合适的符号,单击【确定】按钮返回【图层属性】对话框,再次单击【确定】按钮完成单一符号化的设置,如图 10-9 所示。

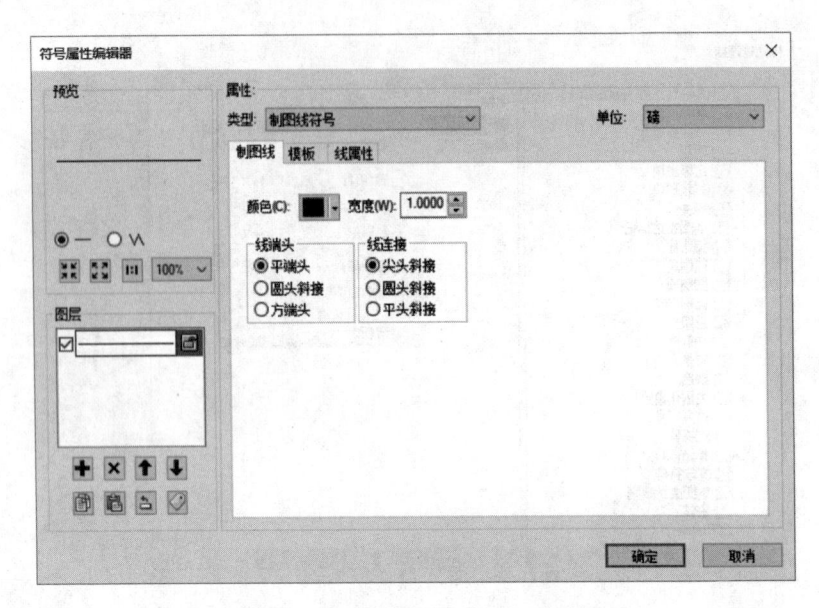

图 10-6 【符号属性编辑器】对话框二

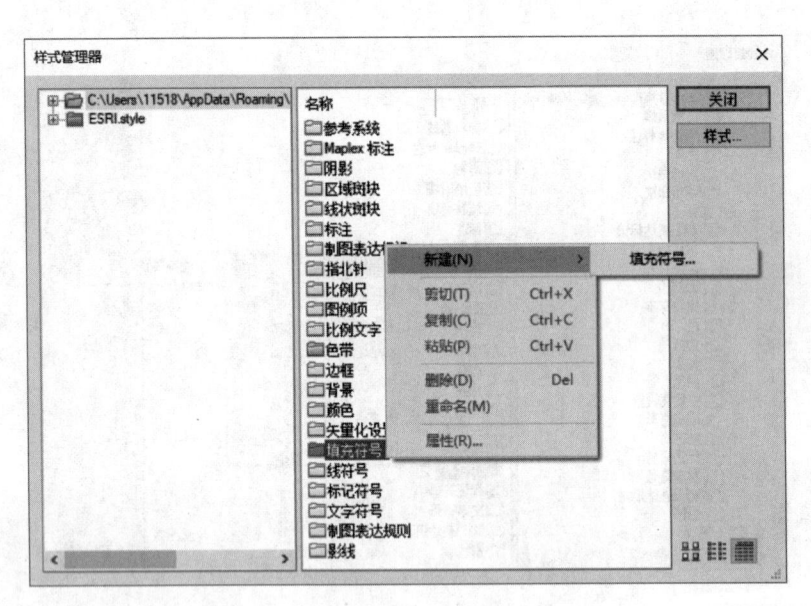

图 10-7 【样式管理器】对话框四

三、定性符号化

1. 唯一值

打开数据【图层属性】对话框,切换到【符号系统】选项卡,在【显示】列表框中单击【类别】,选择【唯一值】。在【值字段】下拉框中选择目标字段,单击【添加所有值】按钮,在【色带】下拉框中选择一种色带,改变符号的颜色,也可在【符号】列表框中双击每一符号,在【符号选择器】中直接修改每一符号的属性。设置完成后,返回【图层属性】对话框,单击【确定】按钮完成图层的符号化,如图 10-10 所示。

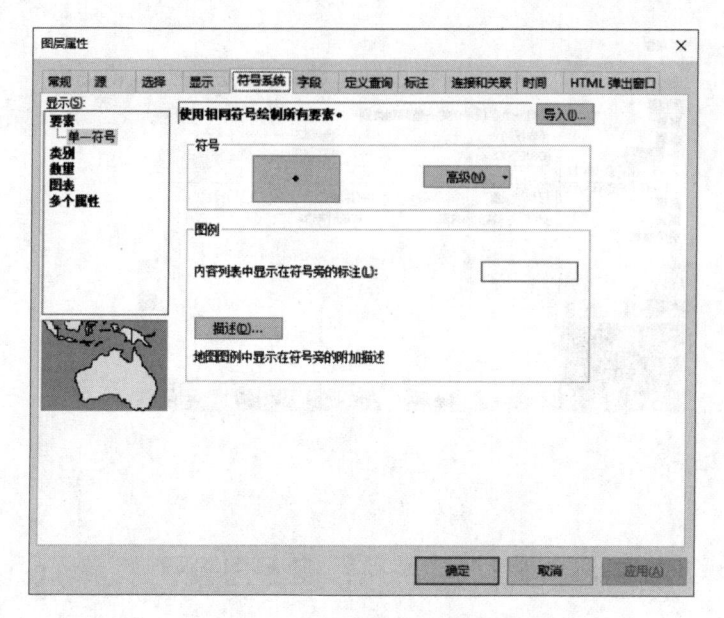

图 10-8 【图层属性】对话框一

2. 唯一值，多个字段

打开数据【图层属性】对话框，切换到【符号系统】选项卡，在【显示】列表框中单击【类别】，选择【唯一值，多个字段】。在【值字段】区域下拉框中，可以选择不超过 3 个字段来确定唯一值进行符号化。其余操作与"唯一值"符号化的操作类似，设置完成后，返回【图层属性】对话框，单击【确定】按钮完成图层的符号化，如图 10-11 所示。

3. 与样式中的符号匹配

打开数据【图层属性】对话框，切换到【符号系统】选项卡，在【显示】列表框中单击【类别】，选择【与样式中的符号匹配】。在【值字段】下拉框中选择目标字段，

图 10-9 【符号选择器】对话框

在【与样式中的符号匹配】区域单击【浏览】按钮选择相应 .style 文件，单击【匹配符号】按钮，单击【确定】按钮完成图层的符号化，如图 10-12 所示。

四、定量符号化

1. 分级色彩

打开数据【图层属性】对话框，切换到【符号系统】选项卡，在【显示】列表框中单击【数量】，选择【分级色彩】，如图 10-13 所示。

在【字段】区域，在【值】下拉框中选择属性字段，在【归一化】下拉框中选择属性字段，在【色带】下拉框中选择一种合适的色带。在【分类】区域中，单击【分类】按

图 10-10 【图层属性】对话框一

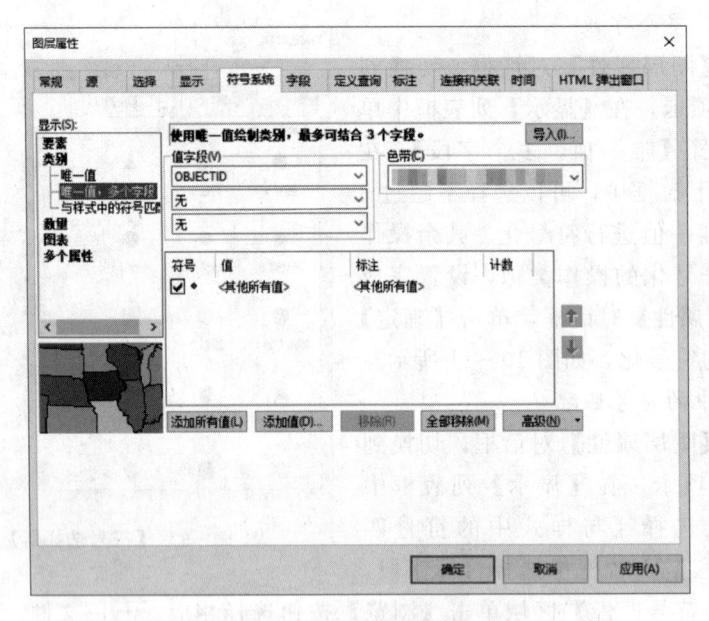

图 10-11 【图层属性】对话框二

钮，打开【分类】对话框，可更改分类方法以及分类数等设置，设置完成后，单击【确定】返回【图层属性】对话框，再次单击【确定】按钮完成图层的符号化，如图 10-14 所示。

2. 分级符号

打开数据【图层属性】对话框，切换到【符号系统】选项卡，在【显示】列表框中单击【数量】，选择【分级符号】。"分级符号"与"分级色彩"设置相似，参照"分级色彩"

图 10-12 【图层属性】对话框三

图 10-13 【图层属性】对话框四

操作可得到相应的符号化结果，如图 10-15 所示。

3. 点密度

打开数据【图层属性】对话框，切换到【符号系统】选项卡，在【显示】列表框中单击【数量】，选择【点密度】。在【字段选择】区域中，双击属性字段使其进入右边的列表中，双击【符号】列表框中的符号，进入【符号选择器】对话框可更改符号的相关参数。在【密度】区域中，调节【点大小】和【点值】滑动条，定义点符号的大小和其代表的数

图 10 – 14 【分类】对话框

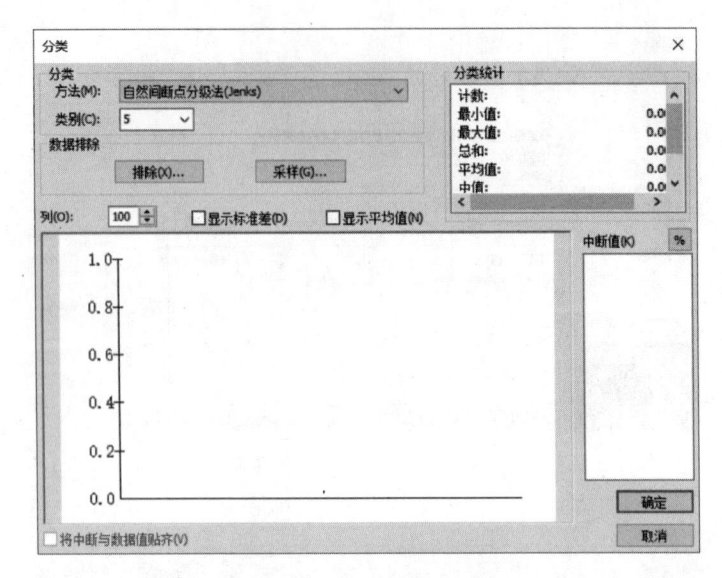

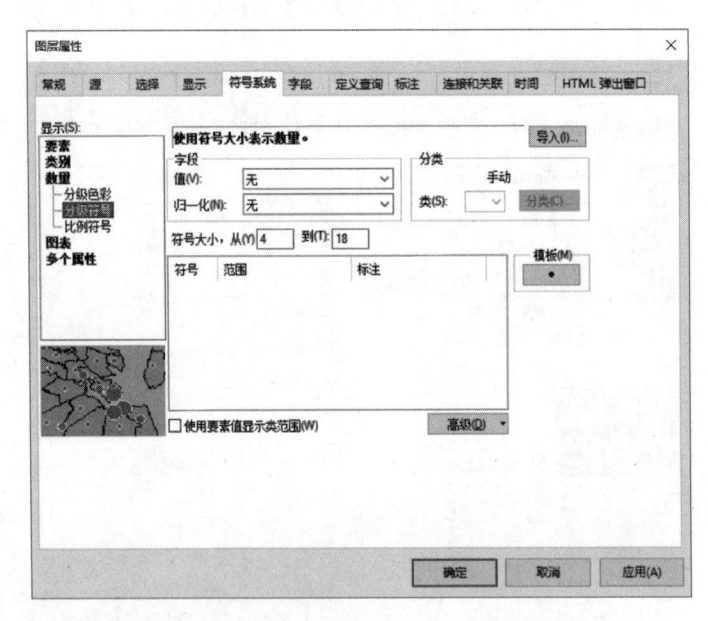

图 10 – 15 【图层属性】对话框五

值大小。在【背景】区域可以设置点符号的背景及其背景轮廓的符号。勾选【保持密度】复选框表示地图比例尺发生变化时点密度保持不变。单击【确定】按钮完成图层的符号化，如图 10 – 16 所示。

五、统计图表符号化

打开数据【图层属性】对话框，切换到【符号系统】选项卡，在【显示】列表框中单击【图表】，选择【饼图】/【条形图/柱状图】/【堆叠图】。在【字段选择】列表框中，双击目标字段使其进入右侧【符号】列表框中，双击【符号】列表框中的符号，进入【符

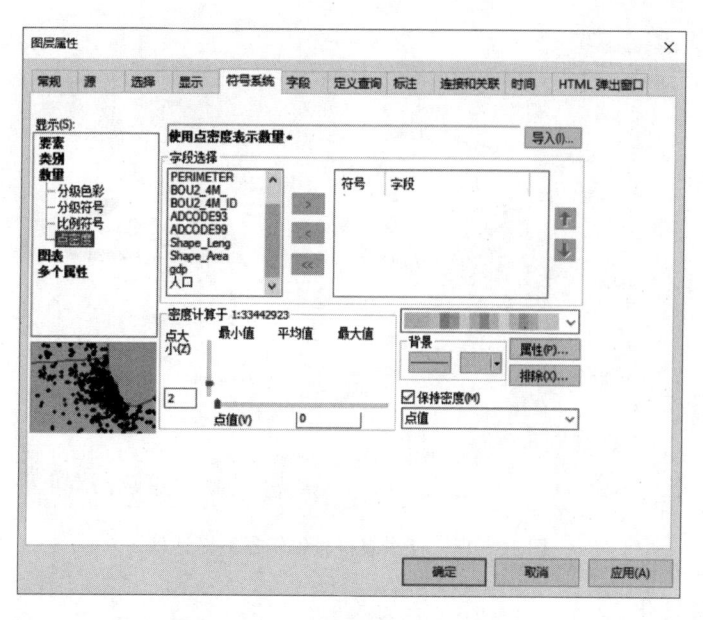

图 10-16 【图层属性】对话框六

号选择器】对话框可更改符号的相关参数。单击上移按钮和下移按钮,可以调整排列顺序,如图 10-17 所示。

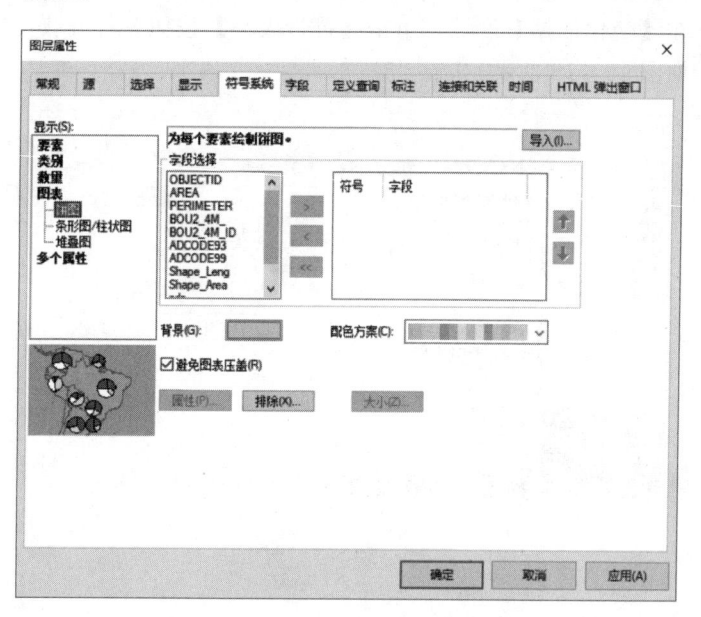

图 10-17 【图层属性】对话框七

单击【属性】按钮,打开【图表符号编辑器】对话框,可以修改图表符号。单击【背景】颜色框,打开【符号选择器】对话框,选择合适的背景。单击【确定】按钮完成图层的符号化,如图 10-18 所示。

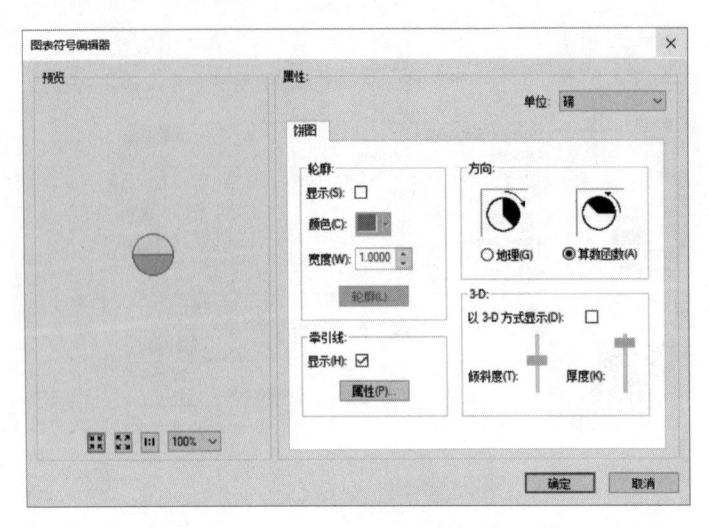

图 10-18 【图表符号编辑器】对话框

六、组合符号化

打开数据【图层属性】对话框,切换到【符号系统】选项卡,在【显示】列表框中单击【多个属性】,选择【按类别确定数量】。在【值字段】区域下拉框选择目标属性字段,单击【添加所有值】按钮,取消【其他所有值】前的复选框。在【配色方案】下拉框中选择合适的色带。在【变化依据】区域,单击【符号大小】按钮,打开【使用符号大小表示数量】对话框,如图 10-19 所示。

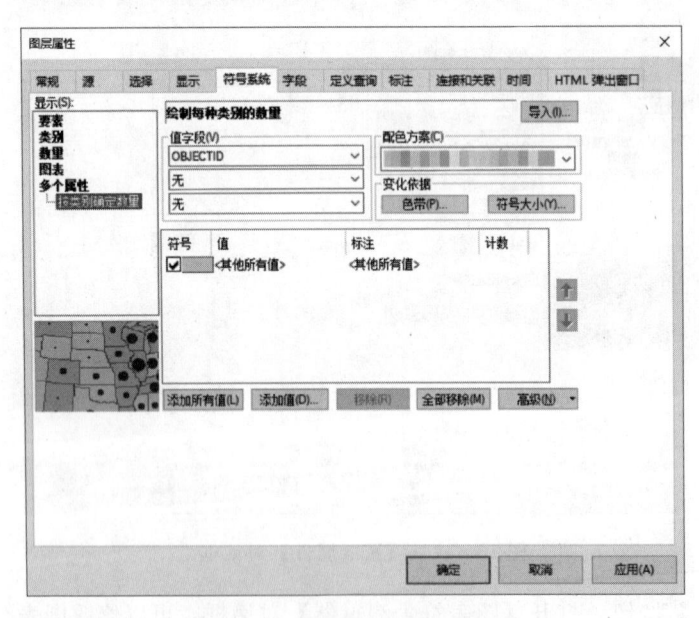

图 10-19 【图层属性】对话框八

在【字段】区域的【值】下拉框中选择属性字段,在【分类】区域单击【分类】按钮,在打开的【分类】对话框设置分类方案,单击【确定】按钮返回【使用符号大小表示数量】对话框,单击【确定】按钮返回【图层属性】对话框,最后单击【确定】按钮完成图层的符号化,如图 10-20 所示。

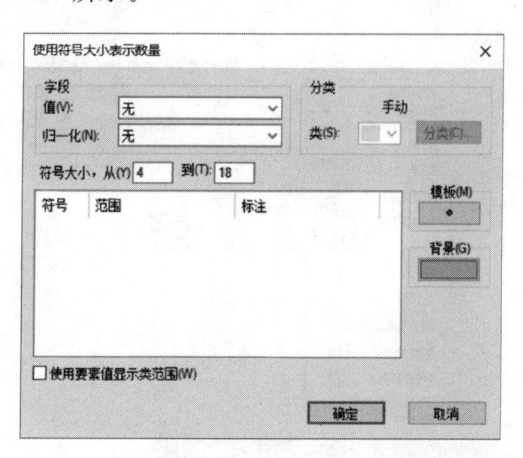

图 10-20 【使用符号大小表示数量】对话框

任务 10-2 地 图 制 图

一、设置制图模板

(1) 打开 ArcMap,弹出【ArcMap-启动】对话框,根据需求选择合适的地图模板,也可以加载其他地图模板,如图 10-21 所示。

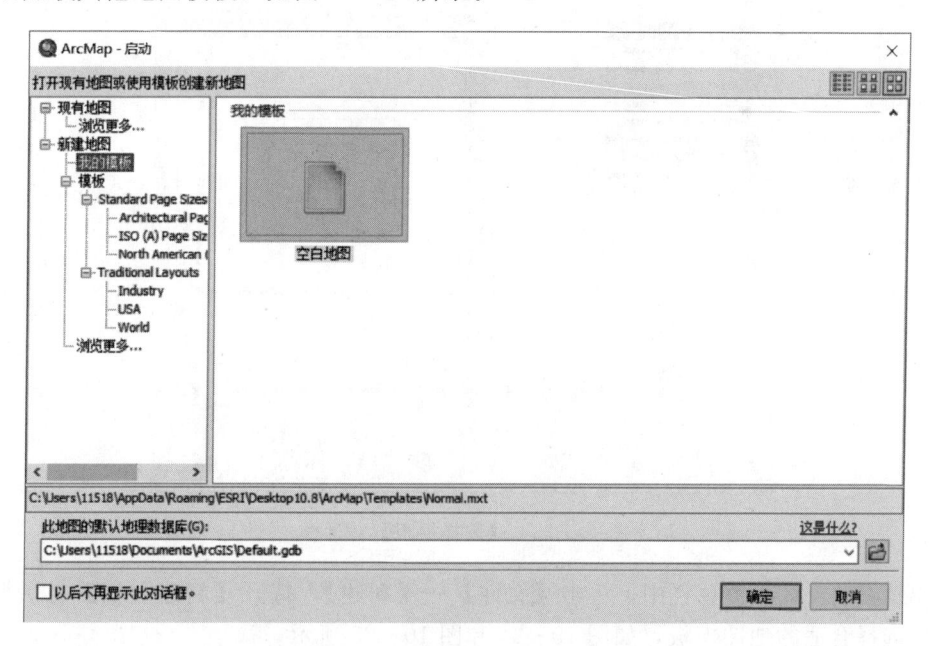

图 10-21 【ArcMap-启动】对话框

(2) 在 ArcMap 菜单栏中,单击【视图】→【布局视图】,在【布局】工具条中,单

157

击【更改布局】按钮，如图 10-22 所示。打开【选择模板】对话框，切换选项卡，根据需求选择合适的地图模板，如图 10-23 所示。

图 10-22　【布局】工具条

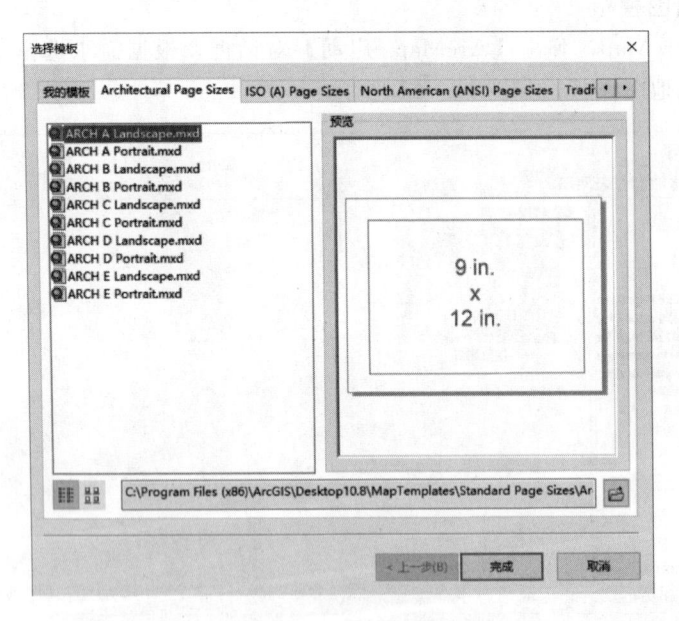

图 10-23　【选择模板】对话框

(3) 在 ArcMap 菜单栏中，单击【文件】→【新建】，打开【新建文档】对话框，根据需求选择合适的地图模板，如图 10-24 和图 10-25 所示。

二、版面尺寸设置

在 ArcMap 菜单栏中，单击【文件】→【页面和打印设置】，如图 10-26 所示，打开

图 10-24　打开【新建文档】对话框

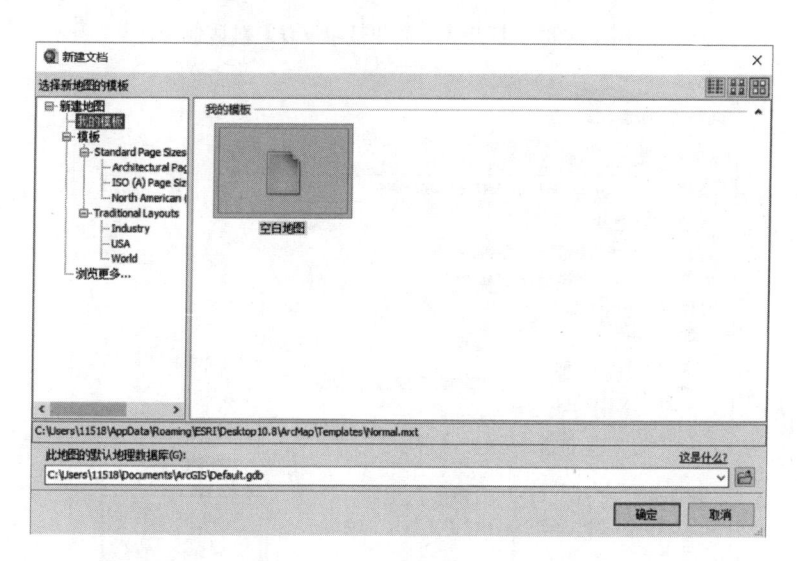

图 10-25　【新建文档】对话框

【页面和打印设置】对话框，如图 10-27 所示。

在【地图页面大小】区域中设置版式，当选中【使用打印机纸张设置】复选框时，尺寸和方向将不能改变。选中【根据页面大小的变化按比例缩放地图元素】复选框时，系统将根据调整后的纸张参数自动调整比例尺。单击【确定】按钮，完成地图版面尺寸的设置。

三、设置图框与底色

右键点击内容列表中的【图层】，在弹出的菜单中单击【属性】，如图 10-28 所示，打开【数据框 属性】对话框。

单击【框架】标签，切换到【框架】选项卡，如图 10-29 所示。单击【边框】下拉框，选择边框的样式，或单击【样式选择器】，打开【样式选择器】对话框，在此对话框

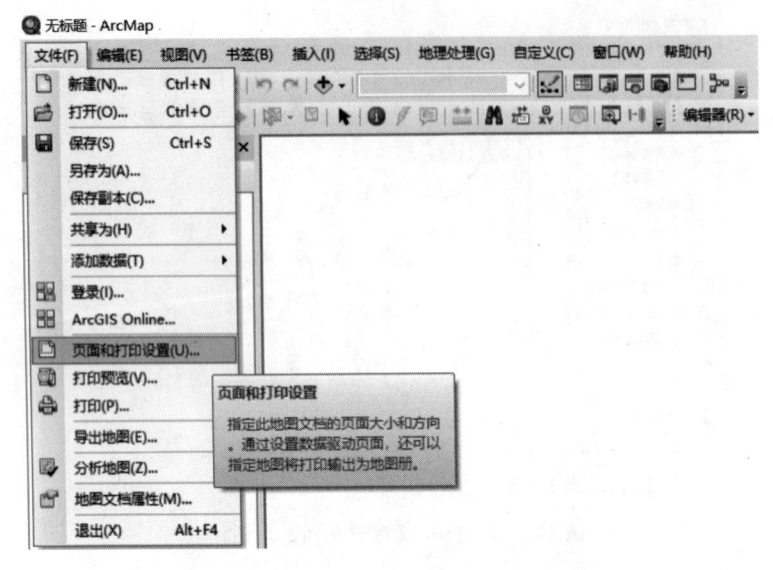

图 10-26　打开【页面和打印设置】对话框

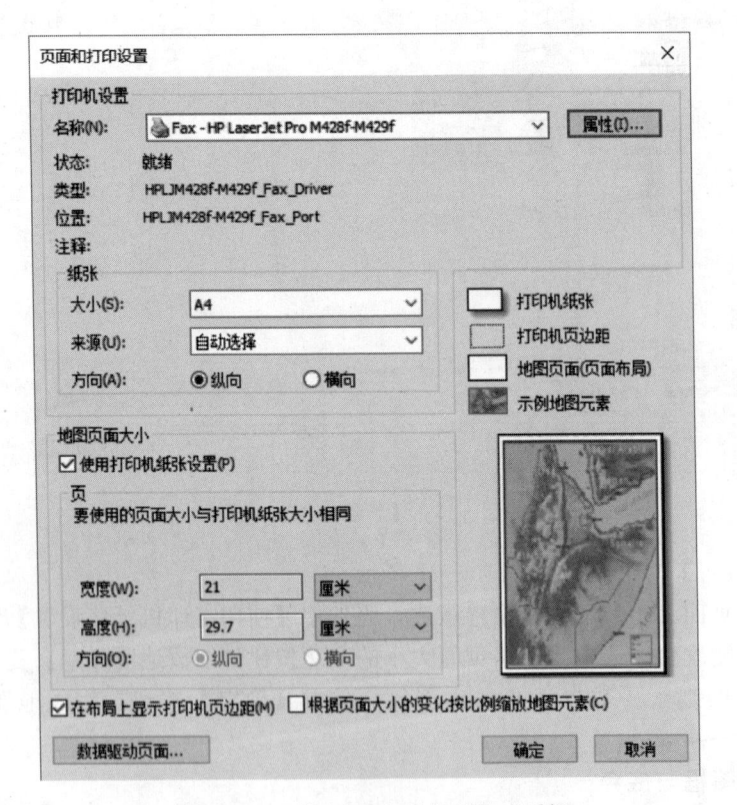

图 10-27　【页面和打印设置】对话框

中选择边框的样式和更改边框的属性，也可以单击【样式属性】，打开【边框】对话框，修改边框的属性。单击【颜色】下拉框，可选择边框的颜色。在【间距】区域【X】和

【Y】文本框中，可以设置边框的边距。调整【圆角】百分比可以调整拐角的圆滑程度。【背景】和【下拉阴影】区域的设置与【边框】类似。单击【大小和位置】标签，可切换到相应选项卡，设置数据框的大小和位置。单击【确定】按钮，完成图框和底色的设置。

图 10-28　打开【数据框属性】对话框

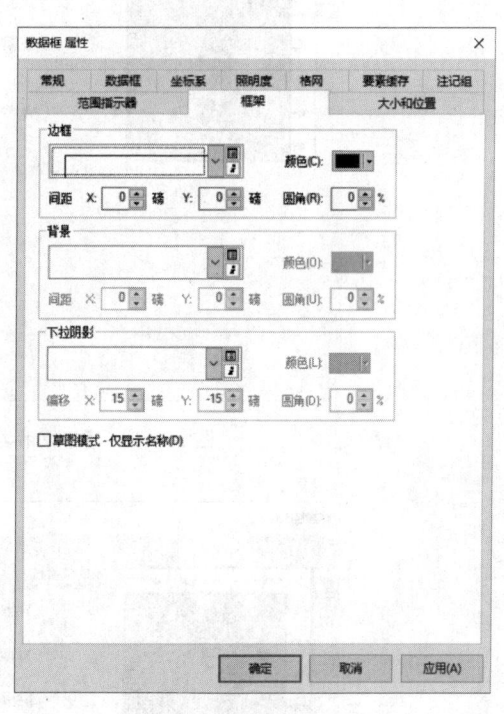

图 10-29　【框架】选项卡

四、绘制坐标格网

1. 地理坐标格网设置

右键点击内容列表中的【图层】，在弹出的菜单中单击【属性】，打开【数据框 属性】对话框，单击【格网】标签，切换到【格网】选项卡，如图 10-30 所示。

单击【新建格网】，打开【格网和经纬网向导】对话框，选择【经纬网：用经线和纬线分割地图】单选按钮，在【格网名称】文本框中输入经纬网的名称，如图 10-31 所示。

单击【下一页】按钮，打开【创建经纬网】对话框，在【外观】区域选择【经纬网和标注】单选按钮，在【间隔】区域设置经纬线格网的间隔，如图 10-32 所示。

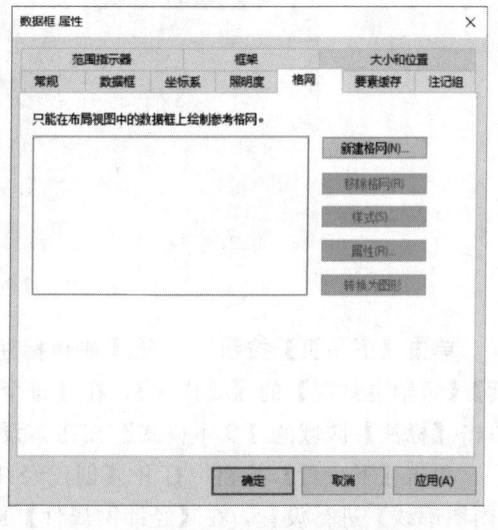

图 10-30　【格网】选项卡

161

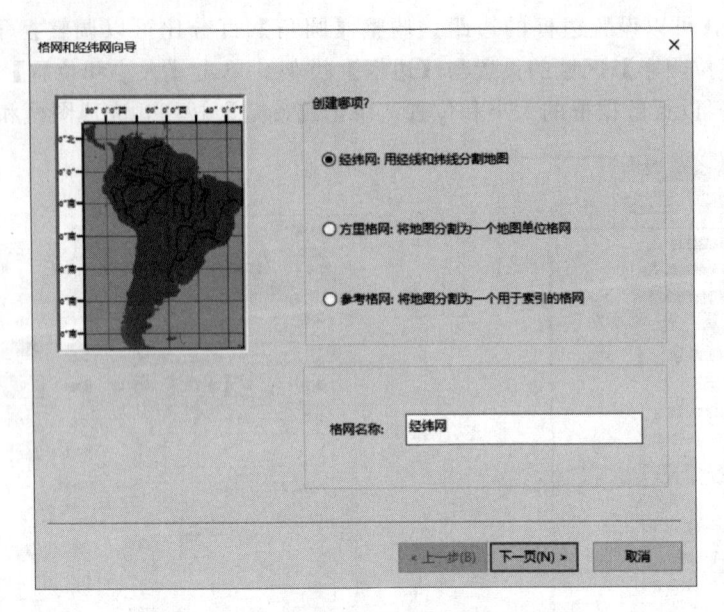

图 10-31 【格网和经纬网向导】对话框

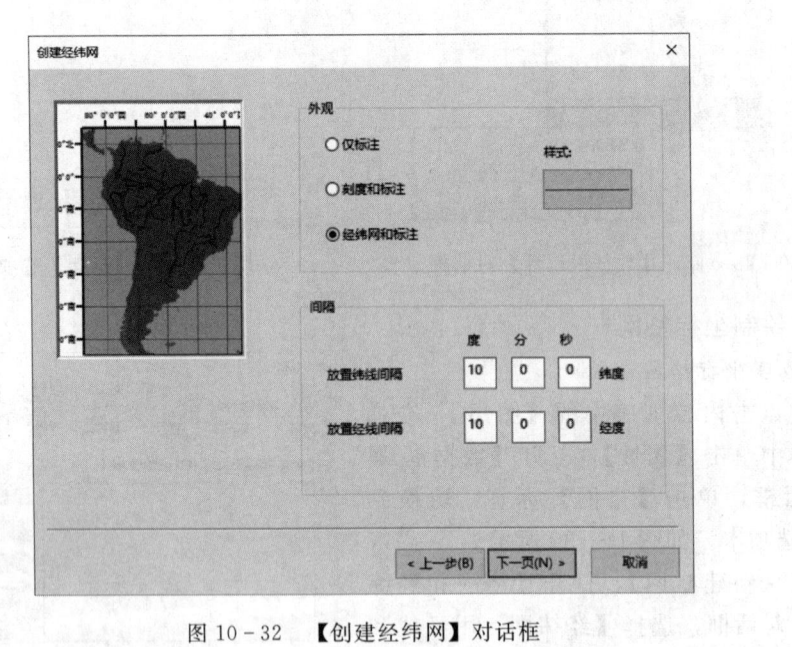

图 10-32 【创建经纬网】对话框

单击【下一页】按钮,打开【轴和标注】对话框,在【轴】区域中设置【长轴主刻度】【短轴主刻度】的【线样式】,在【每个长轴主刻度的刻度数】设置主要格网细分数,单击【标注】区域的【文本样式】按钮,设置坐标标注字体参数,如图 10-33 所示。

单击【下一页】按钮,打开【创建经纬网】对话框,根据需要对【经纬线边框】和【内图廓线】进行设置,在【经纬网属性】区域选择【存储为随数据变化而更新的固定格网】,如图 10-34 所示。

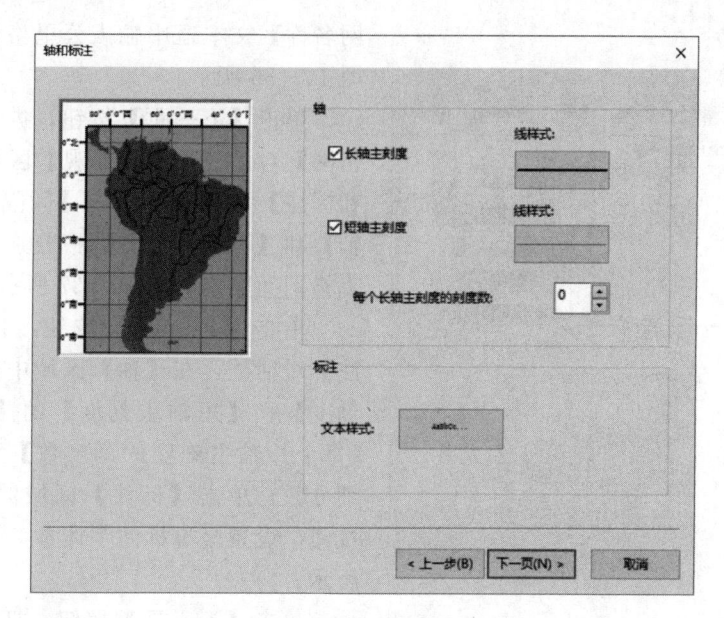

图 10-33 【轴和标注】对话框

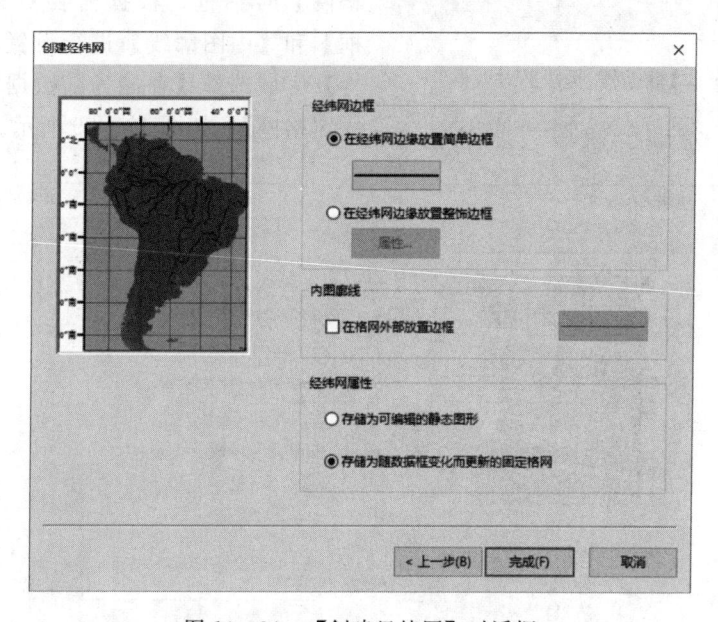

图 10-34 【创建经纬网】对话框

单击【完成】,返回【数据框 属性】对话框,所建立的格网文件显示在列表中,单击【确定】,经纬线坐标格网出现在布局视图中,如图 10-35 所示。

2. 地图公里格网设置

右键点击内容列表中的【图层】,在弹出的菜单中单击【属性】,打开【数据框 属性】对话框,单击【格网】标签,切换到【格网】选项卡。单击【新建格网】按钮,打开【格网和经纬网向导】对话框,选择【方里格网:将地图分割为一个地图单位格网】,在【格

163

网名称】文本框中输入公里格网的名称，如图 10-36 所示。

单击【下一页】按钮，进入【创建方里格网】对话框，在【外观】区域选择【格网和标注】单选按钮，在【间隔】区域的【X轴】和【Y轴】文本框中分别输入水平和垂直格网间隔，如图 10-37 所示。

单击【下一页】按钮，打开【轴和标注】对话框，在【轴】区域中设置【长轴主刻度】和【短轴主刻度】的【线样式】，在【每个长轴主刻度的刻度数】设置主要格网细分数，单击【标注】区域的【文本样式】按钮，设置坐标标注字体参数，如图 10-38 所示。

单击【下一页】按钮，打开【创建方里格网】对话框，根据需要对【方里格网边框】和【内图廓线】进行设置，在【格网属性】区域选择【存储为随数据变化而更新的固定格网】，如图 10-39 所示。

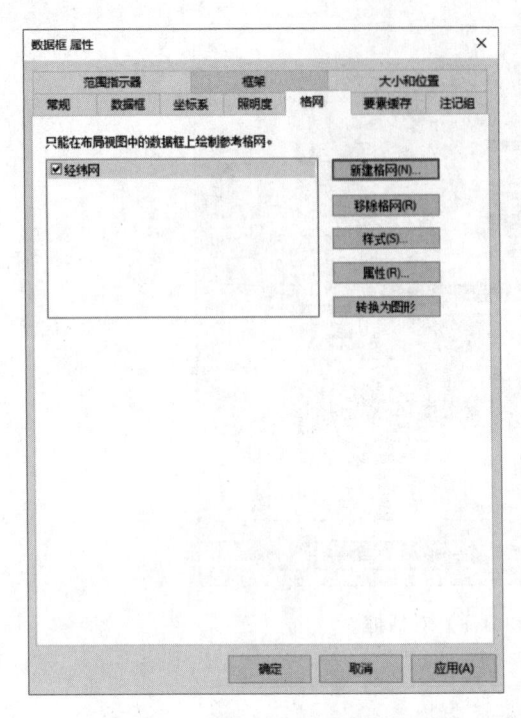

图 10-35　【数据框 属性】对话框

图 10-36　【格网和经纬网向导】对话框

单击【完成】，返回【数据框 属性】对话框，所建立的格网文件显示在列表中，单击【确定】，地图公里坐标格网出现在布局视图中，如图 10-40 所示。

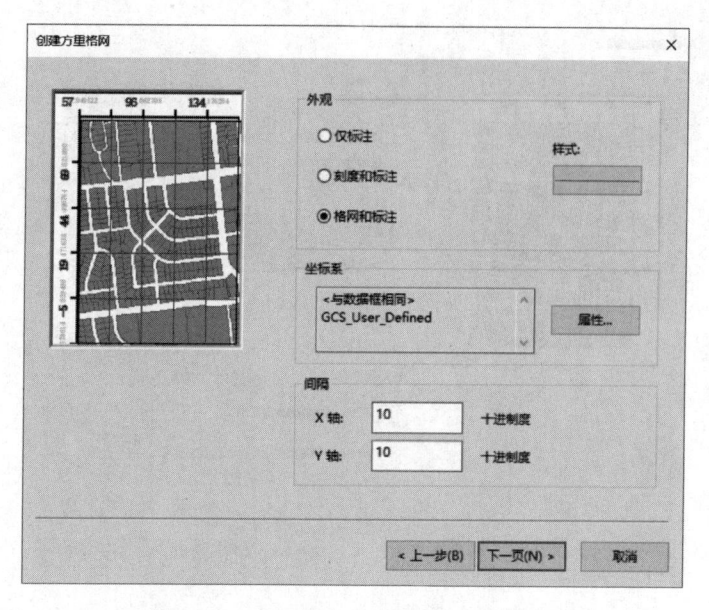

图 10-37 【创建方里格网】对话框一

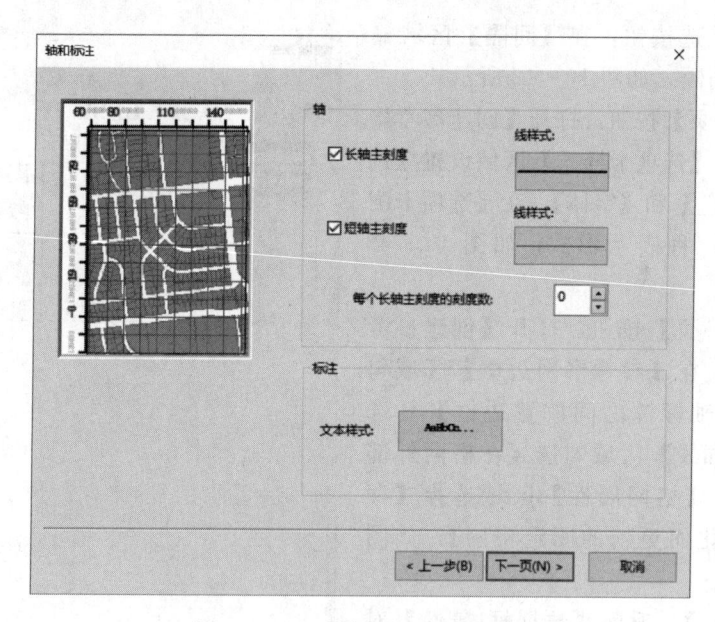

图 10-38 【轴和标注】对话框

3. 索引参考格网设置

右键点击内容列表中的【图层】,在弹出的菜单中单击【属性】,打开【数据框 属性】对话框,单击【格网】标签,切换到【格网】选项卡。单击【新建格网】按钮,打开【格网和经纬网向导】对话框,选择【参考格网:将地图分割为一个用于索引的格网】,在【格网名称】文本框中输入索引参考格网的名称,如图 10-41 所示。

单击【下一页】按钮,进入【创建参考格网】对话框。在【外观】区域选择【格网和

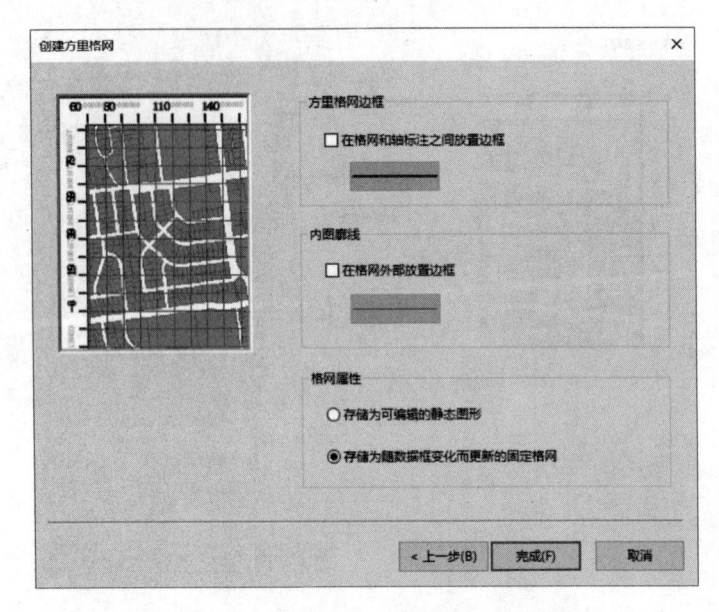

模块十 ArcGIS 空间数据可视化表达

图 10-39 【创建方里格网】对话框二

索引选项卡】单选按钮，在【间隔】区域输入参考格网的间隔，如图 10-42 所示。

单击【下一页】按钮，打开【创建参考格网】对话框。在【选项卡样式】区域设置【选项卡类型】【颜色】和【字体】，在【选项卡配置】区域选择一种表示形式，如图 10-43 所示。

单击【下一页】按钮，打开【创建参考格网】对话框，在【参考格网边框】区域勾选【在格网和轴标注之间放置边框】复选框，在【内图廓线】区域勾选【在格网外部放置边框】，在【格网属性】区域选择【存储为随数据变化而更新的固定格网】，如图 10-44 所示。

单击【完成】，返回【数据框 属性】对话框，所建立的格网文件显示在列表中，单击【确定】，索引格网出现在布局视图中，如图 10-45 所示。

图 10-40 【数据框 属性】对话框

五、图例

在 ArcMap 菜单栏中，选择【视图】，单击【布局视图】进入布局视图。在 ArcMap 菜单栏中，选择【插入】，单击【图例】，如图 10-46 所示，打开【图例向导】对话框，如图 10-47 所示。

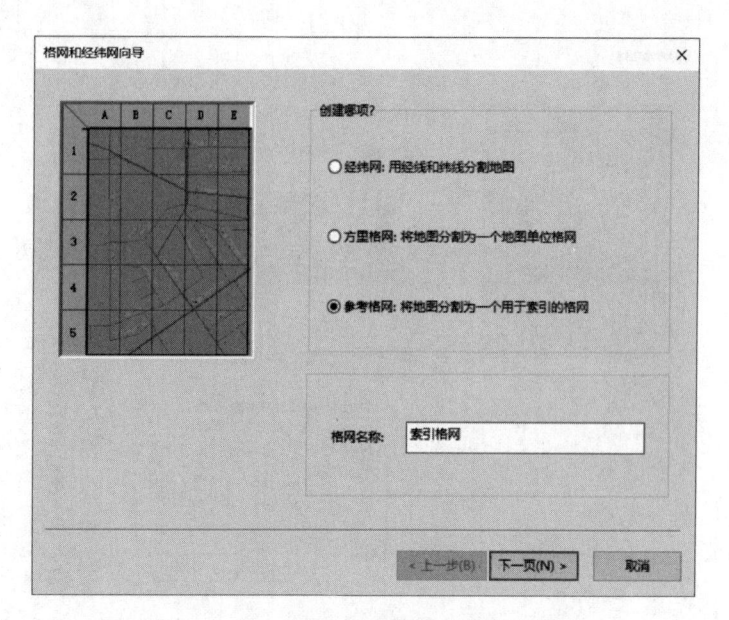

图 10-41 【格网和经纬网向导】对话框

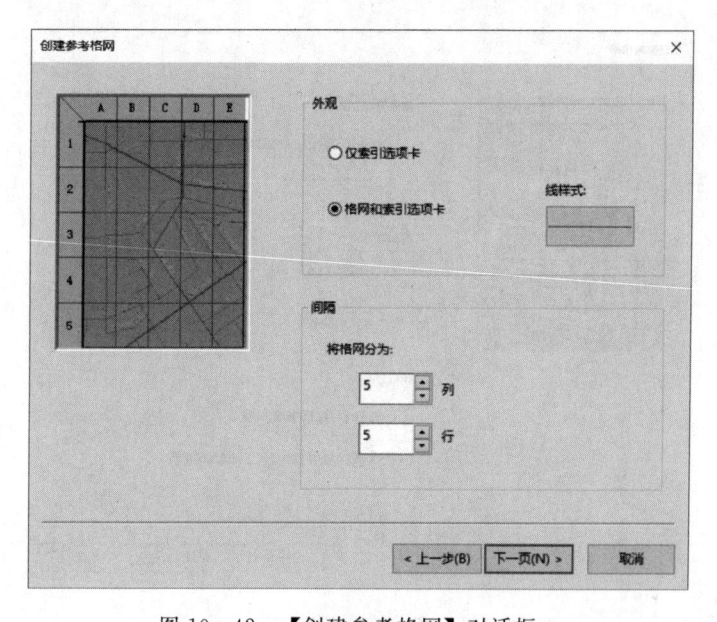

图 10-42 【创建参考格网】对话框一

在【地图图层】列表框中选择数据层，使用右向箭头按钮将其添加到【图例项】中，一般默认两栏中的图层相同，即数据框所有的图层都出现在图例中。选择【图例项】列表中的数据层，单击向上、向下方向箭头按钮可调整数据层符号在图例中排列的上下顺序。在【设置图例中的列数】中输入1，则图例按照一列排列，如图10-48所示。

单击【下一页】按钮，打开【图例向导】对话框，在【图例标题】文本框中可以输入图例的标题，在【图例标题字体属性】区域中设置图例标题相关的属性，如颜色、大小和

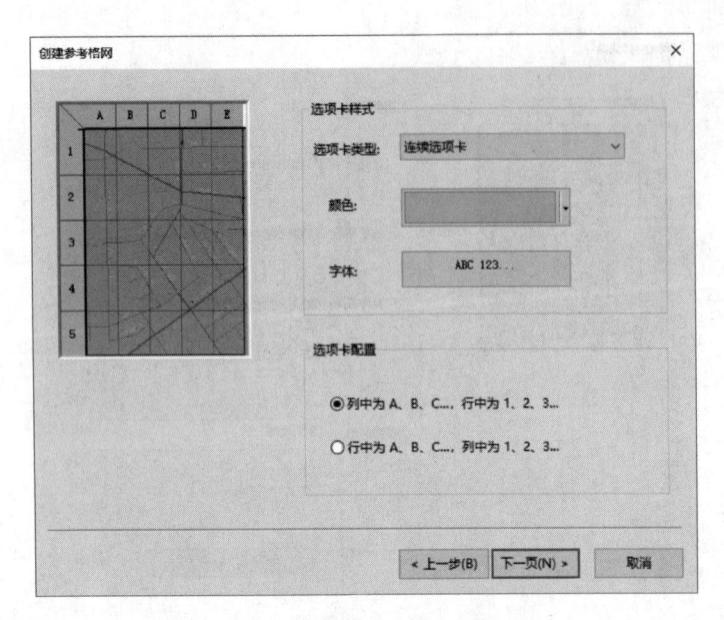

图 10-43　【创建参考格网】对话框二

图 10-44　【创建参考格网】对话框三

字体等。在【标题对齐方式】区域可以选择对齐的方式，如图 10-49 所示。

单击【下一页】按钮，在【图例框架】区域中可以设置图例的【边框】、【背景】、【下拉阴影】、【间距】和【圆角】等。完成设置后点击【预览】按钮，预览图例的效果，如图 10-50 所示。

单击【下一页】按钮，可更改图例中线和面要素的符号图面大小和形状。其中，【宽度】和【高度】为图例方框的宽度和高度。【线】表示轮廓线属性，【面积】为图例方框色

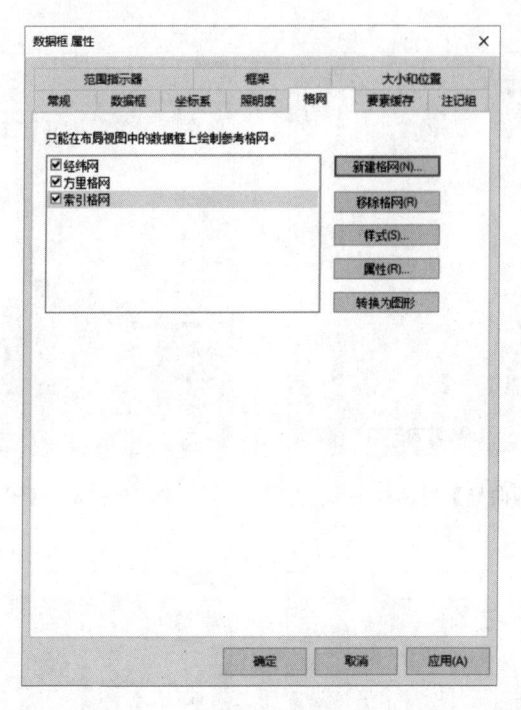

图 10-45 【数据框 属性】对话框

图 10-46 打开【图例向导】对话框

彩属性,如图 10-51 所示。

单击【下一页】按钮,可对图例符号间隔进行设置,如图 10-52 所示。

单击【完成】按钮,关闭对话框,图例符号及其相应的标注与说明等内容将插入到地图布局中。单击图例,并按住左键可将其移动到合适的位置。如果对图例的图面效果不太满意,可以选择图例,双击左键,打开【图例 属性】对话框进行相应的调整,如图 10-53 所示。

六、比例尺

在 ArcMap 菜单栏中,选择【视图】,单击【布局视图】进入布局视图。在 ArcMap 菜单栏中,选择【插入】,单击【比例尺】,打开【比例尺 选择器】对话框,可以选择所需比例尺的样式,如图 10-54 所示。

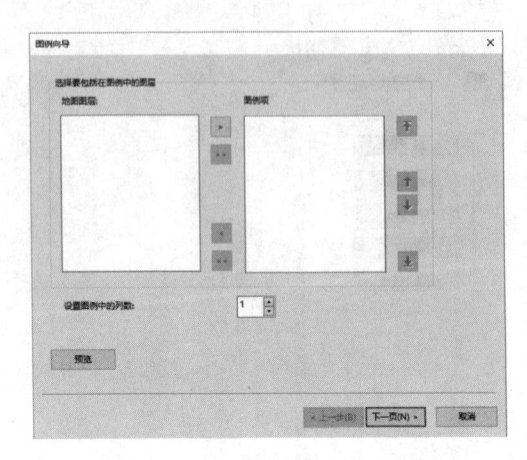

图 10-47　【图例向导】对话框一

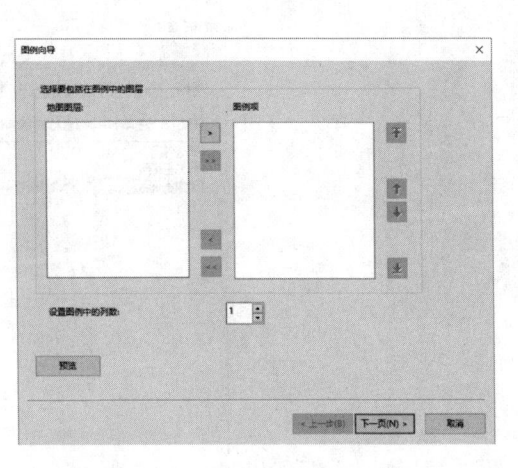

图 10-48　【图例向导】对话框二

图 10-49　【图例向导】对话框三

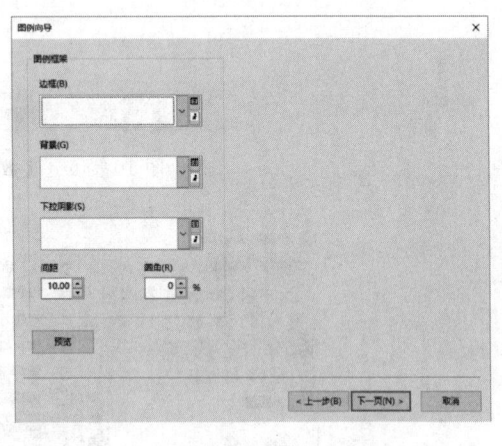

图 10-50　【图例向导】对话框四

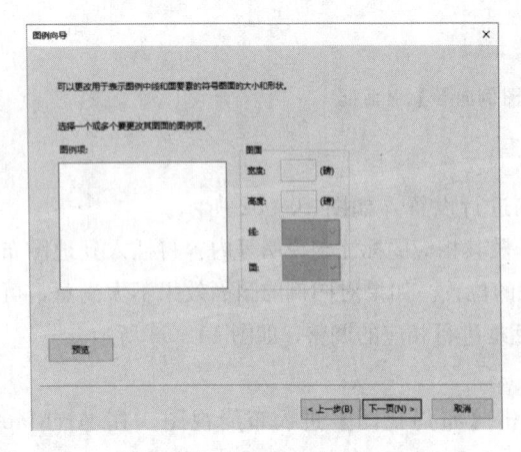

图 10-51　【图例向导】对话框五

图 10-52　【图例向导】对话框六

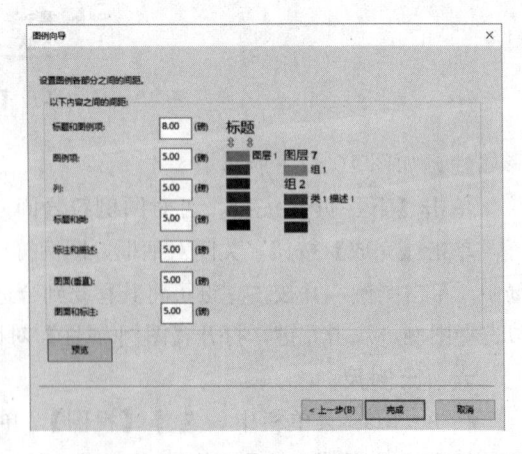

图 10-53 【图例 属性】对话框　　图 10-54 【比例尺 选择器】对话框

单击【属性】按钮，打开【比例尺】对话框，可对比例尺符号类型、单位和分隔等进行设置。单击【确定】按钮，完成比例尺的放置，将比例尺移动到合适的位置，如图 10-55 所示。

七、比例文本

在 ArcMap 菜单栏中，选择【视图】，单击【布局视图】进入布局视图。在 ArcMap 菜单栏中，选择【插入】，单击【比例文本】，打开【比例文本 选择器】对话框，选择一种系统所提供的数字比例尺类型，如图 10-56 所示。

图 10-55 【比例尺】对话框　　图 10-56 【比例文本 选择器】对话框

单击【属性】按钮，打开【比例文本】对话框，可进一步设置比例文本的参数，单击【确定】按钮，返回【比例文本 选择器】对话框，再次单击【确定】按钮，完成比例文本的插入，再将其移动到合适的位置，如图 10-57 所示。

八、指北针

在 ArcMap 菜单栏中，选择【视图】，单击【布局视图】进入布局视图。在 ArcMap 菜单栏中，选择【插入】，单击【指北针】，打开【指北针 选择器】对话框，选择一种系统所提供的指北针类型，如图 10-58 所示。

图 10-57　【比例文本】对话框　　图 10-58　【指北针 选择器】对话框

单击【属性】按钮，打开【指北针】对话框，可进一步设置指北针的参数，单击【确定】按钮，返回【指北针 选择器】对话框，再次单击【确定】按钮，完成指北针的插入，再将其移动到合适的位置，如图 10-59 所示。

九、图名

在 ArcMap 菜单栏中，选择【视图】，单击【布局视图】进入布局视图。在 ArcMap 菜单栏中，选择【插入】，单击【标题】，打开【插入标题】对话框，在文本框中输入地图的标题，单击【确定】按钮，完成图名的插入，再将其移动到合适的位置，如图 10-60 所示。

图 10-59　【指北针】对话框　　图 10-60　【插入标题】对话框

双击图名，打开【属性】对话框，可对标题文本参数进行修改，如图10-61所示。

十、嵌入图片

在 ArcMap 菜单栏中，选择【视图】，单击【布局视图】进入布局视图。在 ArcMap 菜单栏中，选择【插入】，单击【图片】，打开文件选择对话框，选择目标图片，单击【打开】按钮完成图片的嵌入，如图10-62所示。

图10-61 【属性】对话框　　　　图10-62 文件选择对话框

十一、地图打印输出

在 ArcMap 菜单栏中，选择【文件】，单击【打印】，打开【打印】对话框，如图10-63所示，进行相关参数的设置，单击【设置】按钮，打开【页面和打印设置】对话框，如图10-64所示，可以设置打印机的型号和相关参数。单击【确定】按钮，完成地图的打印。

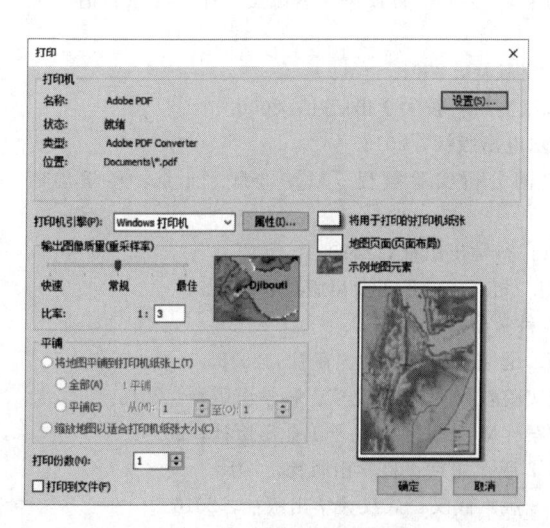

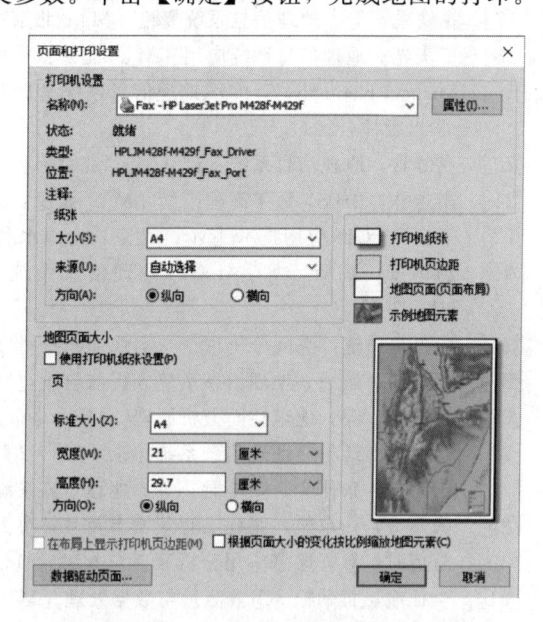

图10-63 【打印】对话框　　　　图10-64 【页面和打印设置】对话框

参 考 文 献

[1] 陈述彭,鲁学军,周成虎.地理信息系统导论[M].北京:科学出版社,2001.
[2] 邬伦,刘瑜,张晶,等.地理信息系统——原理、方法与应用[M].北京:科学出版社,2001.
[3] 吴秀芹,李瑞改,王曼曼,等.地理信息系统实践与行业应用[M].北京:清华大学出版社,2013.
[4] 潘燕芳,王庆光,邹远胜.地理信息系统技术[M].北京:中国水利水电出版社,2020.
[5] 汤国安.地理信息系统教程[M].2版.北京:高等教育出版社,2019.
[6] 闫磊,张海龙.ArcGIS地理信息系统从基础到实践[M].北京:中国水利水电出版社,2021.
[7] 吴建华,逯跃锋.ArcGIS软件与应用[M].北京:电子工业出版社,2017.
[8] Kang-tsung Chang.地理信息系统导论[M].9版.陈健飞,胡嘉骢,陈颖彪,译.北京:科学出版社,2019.
[9] 盛业华,张卡,杨林,等.空间数据采集与管理[M].北京:科学出版社,2018.
[10] 宋小冬,钮心毅.地理信息系统实习教程[M].3版.北京:科学出版社,2013.
[11] 张景雄.地理信息系统与科学[M].武汉:武汉大学出版社,2010.
[12] 方源敏,陈杰,黄亮,等.现代测绘地理信息理论与技术[M].北京:科学出版社,2019.
[13] 王育红.Geodatabase设计与应用分析[M].北京:清华大学出版社,2021.
[14] 吴秀芹.地理信息系统原理与实践[M].北京:清华大学出版社,2011.
[15] 周建郑.GNSS定位测量[M].2版.北京:测绘出版社,2014.
[16] 李仁杰,张军海,胡引翠,等.地图学与GIS集成实验教程[M].北京:科学出版社,2018.
[17] 崔铁军,等.地理信息系统概论[M].北京:科学出版社,2018.
[18] 王庆光.地理信息系统应用[M].北京:中国水利水电出版社,2017.
[19] Michael Kennedy.ArcGIS地理信息系统基础与实训[M].蒋波涛,袁娅娅,译.北京:清华大学出版社,2011.
[20] 龚健雅.地理信息系统基础[M].北京:科学出版社,2001.
[21] 李志林,朱庆.数字高程模型[M].武汉:武汉测绘科技大学出版社,2000.
[22] 王庆光.GIS应用技术[M].北京:中国水利水电出版社,2012.
[23] 汤国安,杨昕,等.ArcGIS地理信息系统空间分析实验教程[M].2版.北京:科学出版社,2012.
[24] 史舟,周越.空间分析理论与实践[M].北京:科学出版社,2020.
[25] 郑贵洲,晁怡.地理信息系统分析与应用[M].北京:电子工业出版社,2010.
[26] 崔铁军,等.地理空间分析原理[M].北京:科学出版社,2017.
[27] 余明,艾廷华.地理信息系统导论[M].2版.北京:清华大学出版社,2015.
[28] 田明中,张佳会,佘晓君,等.地理信息系统实验教程[M].北京:科学出版社,2018.
[29] 张飞舟,杨东凯,张弛.智慧城市及其解决方案[M].北京:电子工业出版社,2015.
[30] 赵英时,等.遥感应用分析原理与方法[M].2版.北京:科学出版社,2013.
[31] 李征航,黄劲松.GPS测量与数据处理[M].3版.武汉:武汉大学出版社,2016.
[32] 吴信才,等.地理信息系统原理与方法[M].2版.北京:电子工业出版社,2012.
[33] 胡祥培,刘伟国,王旭茵.地理信息系统原理与应用[M].北京:电子工业出版社,2011.

[34] 胡鹏，黄杏元，华一新．地理信息系统教程[M]．武汉：武汉大学出版社，2002．
[35] 潘松庆，魏福生，杜向锋．测量技术基础[M]．郑州：黄河水利出版社，2012．
[36] 闾国年，汤国安，赵军，等．地理信息科学导论[M]．北京：科学出版社，2020．
[37] 杨慧．空间分析与建模[M]．北京：清华大学出版社，2013．
[38] 李连营，刘沛兰，许小兰，等．地图投影原理与实践[M]．北京：测绘出版社，2023．
[39] 李建松，唐雪华．地理信息系统原理[M]．2版．武汉：武汉大学出版社，2015．
[40] 秦昆．GIS空间分析理论与方法[M]．2版．武汉：武汉大学出版社，2010．
[41] 周艳，何彬彬．空间信息导论[M]．北京：科学出版社，2020．
[42] 周金宝．无人机摄影测量[M]．北京：测绘出版社，2022．
[43] 王劲峰，廖一兰，刘鑫．空间数据分析教程[M]．2版．北京：科学出版社，2019．
[44] 李京伟，周金国．无人机倾斜摄影三维建模[M]．北京：电子工业出版社，2022．
[45] 何必，李海涛，孙更新．地理信息系统原理教程[M]．北京：清华大学出版社，2010．
[46] 段延松．无人机测绘生产[M]．武汉：武汉大学出版社，2019．
[47] 宁津生，陈俊勇，王家耀，等．测绘与地理空间信息学进展[M]．武汉：武汉大学出版社，2022．